Demontage des CO₂-Betruges

Vorwort
Ziel dieses Textes ist eine grundlegende Kritik der „Theorie des durch den Menschen verursachten Klimawandels". Dazu ist es nicht notwendig, Fehler in Spitzfindigkeiten komplizierter Klimamodelle oder Theorien zu suchen. Eine einfache Betrachtung der Prämissen/Randbedingungen der „CO₂-Theorie" zeigt, dass diese Theorie falsch sein muss.
Die wichtigsten Argumente gegen die „CO₂-Theorie" sind ohne mathematisch-naturwissenschaftliche Vorbildung gut zu verstehen und werden zu Beginn auf den ersten 23 Seiten des Textes besprochen. Der Rest des Textes ist richtet sich eher an den Amateur mit mathematsch-naturwissenschaftlicher Vorbildung.

Juni 2021, Dr. rer. nat. Markus Ott

Inhaltsverzeichnis

Was oder wer ist die treibende Kraft hinter der „Klimakrise" ? 2
Erkenntnistheorie: Wie kann man wissen was wahr und was falsch ist? Gibt es eine absolute Wahrheit? 4
Wie groß ist das „CO₂-Problem"? 7
Widerlegung der „Theorie" der durch den Menschen verursachten Erderwärmung 10
    Was verursacht den Anstieg der atmosphärischen CO₂-Konzentration? 11
        Rekonstrution historischer CO₂-Daten aus Eisbohrkernen 11
        Wie weit reichen zuverlässige Messungen der atmosphärischen CO₂-Konzentration zurück? 12
        Wieso tauchen die hohen atmosphärischen CO2-Konzentrationen des 19ten Jahrhunderts nicht in den Eisbohrkerndaten auf? 14
        Rekonstruktion atmosphärischer CO₂-Konzentrationen über Stomata-Proxys 17
    Falsifizierung von Randbedingung 1 (CO₂-Anstieg menschgemacht) mittels offiziellen IPCC-Daten 18
    Zusammenfassung, Falsifizierung von Randbedingung 1 (CO₂-Anstieg menschgemacht) 22
Vorab ein paar Grundlagen zur Auffrischung des Schulwissens 23
    CO₂-Lösungsgleichgewicht zwischen Atmosphäre und Ozeanen 24
    Temperaturabhängigkeit des Lösungsgleichgewichtes 26
    Ursache/Wirkungsbeziehung zwischen dem Gang der Temperatur und der atmosphärischen CO₂-Konzentration 28
        Kurze Zusammenfassung der Ergebnisse 31
Rekonstruktion von historischen Atmosphärentemperaturen über Isotopenverhältnisse 32
Falsifizierung des Treibhauseffektes 34
    Vorab ein paar Grundbegriffe der Wärmelehre (Thermodynamik) 35
    Stefan-Boltzmann-Gesetz 41
    Falsche Anwendung des Stefan-Boltzmann-Gesetzes 42
    Ermittlung des Treibhauseffektes (nach IPCC) 43
    Ein realistischeres Modell zur Berechnung der Erdoberflächentemperatur (ohne Treibhauseffekt) 48
    Treibhauseffekt auf molekularer Ebene (spektroskopische Betrachtung) 55
        Wie beobachtet/misst man die Wechselwirkung von IR-Strahlung mit Treibhausgasmolekülen? 55
        Was passiert, wenn CO₂ mit Infrarotlicht wechselwirkt? 57

"IPCC-Treibhauseffekt" auf Molekülebene 62

Sättigung, Reichweite der 15µm-Strahlung 63

Versuche den Treibhauseffekt zu retten 66

Satellitenmessungen bestätigen die Undurchlässigkeit der unteren Luftschichten für 15µm-Strahlung 70

Stabilität des angeregten Schwingungszustandes (01^10) des CO_2 73

Thermalisierung von 15µm-IR-Strahlung in der Atmosphäre 74

Anmerkung zur thermisch angeregten Emission 75

Versuch zum „Nachweis des Treibhauseffektes" 76

Was bleibt vom Treibhaueffekt? 77

Klimamodelle 78

Klimamodellvorhersage vs. Realität 78

Fälschung von Klimadaten 79

Datenanalysen, Entwicklung von Modellen, Vorhersagen 84

Weiterführende Informationen 92

Was oder wer ist die treibende Kraft hinter der „Klimakrise" ?

Es ist der IPCC (Intergovernmental Panel on Climate Change, https://www.ipcc.ch/). Der IPCC ist eine politische Organisation der UN, die 1988 mit dem Ziel gegründet wurde, die Klimapolitik der UN weltweit durchzusetzen.

Die Ziele dieser Politk erschließen sich aus dem UN-Klimaabkommen 2015 von Paris (https://unfccc.int/sites/default/files/english_paris_agreement.pdf). Dieses Abkommen soll die westlichen Industrienationen schwächen und unter UN-Kontrolle bringen. Die Industriealisierung Afrikas soll verhindert werden. An China, den weltgrößten CO_2-Emittenten, werden keine Forderungen zur Verminderung des CO_2-Ausstosses gestellt. Im Gegenteil, China gewährt man einen großzügigen Ausbau der Kohlestromproduktion.

Der IPCC soll wissenschaftliche Argumente dafür liefern, dass die westlichen Industrienation ihren CO_2-Ausstoß stark vermindern müssen. Weil es aber keine wissenschaftlichen Argumente für diese Forderung der UN gibt, kauft man ganze Tausendschaften von „Klimawissenschaftlern", die dem IPCC eine Aura der Wissenschaftlichkeit verleihen sollen. Dabei versucht man dem Eindruck zu erwecken, dass die gesponserten Wissenschaftler unabhängig voneinander zu Ergebnissen kommen, die den Forderungen des IPCCs Nachdruck verleihen.

Die finanzielle Förderung, die diese IPCC-konforme Forschung erfährt, sprengt den Rahmen allen Vorstellbaren. Allein der Klimaforschungsetat der US-Regierung von 1993 bis 2014 belief sich auf mehr als 166Milliarden gerechnet in Dollar mit der Kaufkraft von 2012 . Zum Vergleich, das gesamte Apollo-Mondlandeprogramm kostete ca. 200Milliarden in 2012Dollar. Unter dem Titel „Climate Dollars" findet man beim Capital Researsch Center einen interessanten Artikel zu den finanziellen Hintergründen der Klimaforschung https://www.climatedollars.org/app/uploads/2017/05/CRC_ClimateDollars_Study_finalv3.pdf.

Ich weiß, das hört sich nach „Verschwörungstheorie" an. Aber Verschwörungen sind nichts Besonderes. Es gab sie immer schon und das wird wohl auch so bleiben.

Für die Mitarbeiter des IPCC ist diese Situation so selbstverständlich, dass sie in aller Öffentlichkeit zugeben, dass es hier nicht um Umweltschutz geht (Abbildung 1).

Abbildung 1, Quelle: https://www.eike-klima-energie.eu/2017/06/04/merkel-wir-lassen-uns-von-niemandem-aufhalten-solange-bis-deutschland-pleite-ist-moechte-man-hinzufuegen/

Die IPCC-gesponsorte Klimawissenschaft bedient sich vor allem der Klimamodelle und manipulierter Klimadaten als Instrumente der Täuschung https://realclimatescience.com/ .

Mit der Komplexität der Klimamodelle und der absurden Computerleistung, die für ihren Betrieb erforderlich ist, verfolgt man folgende Ziele.

- Es soll eine Illusion der Kompetenz in der unbedarften Öffentlichkeit erzeugt werden.
- Die Klimawissenschaft soll so kompliziert wie nur möglich erscheinen, so dass jeder Versuch das Klimageschehen zu verstehen, für Laien aussichtslos erscheinen muß.
- Der enorme finanzielle Aufwand für den Betrieb der Klimamodelle soll Klimawissenschaft zum Monopol der großzügig gesponsorten IPCC-Wissenschaftler machen.

Kurz gesagt, es soll ein Schutzwall gegen jede Kritik an der IPCC-Wissenschaft aufgebaut werden.

Sobald man diese Taktik durchschaut hat, verliert man recht schnell den Respekt vor diesen Spezialisten. Denn jeder, der so eine beeindruckende Fassade aufbaut, will dahinter etwas verbergen oder von etwas ablenken.

Der IPCC will seine politischen Ziele verbergen und uns von den einfachen chemischen und physikalischen Grundlagen des Klimageschehens ablenken. Wie wir sehen werden, stehen diese einfachen Grundlagen (meist Schul/Lehrbuchwissen) in grassem Widerspruch zu den Aussagen des IPCCs.

Im folgenden Text werde ich deshalb nicht Fehler in irrsinnig komplizierten Klimamodellen suchen oder ihre manipulierte Datengrundlage im Detail diskutieren. Obwohl ich mir sicher bin, dass man dort viele Fehler und Betrügereien finden wird, werde ich diese Dinge nur am Rande erwähnen und mich hauptsächlich auf die chemischen und physikalischen Grundlagen, die zum Verständnis der „Treibgasproblematik" notwendig sind, konzentrieren.

Den Text habe ich so aufgebaut, dass die am einfachsten und schnellsten zu verstehenden Argumente zuerst behandelt werden. Diese einfach und schnell zu verstehenden Argumente haben außerdem den Charme, die absoluten „Totschlagargumente" zu sein. Wer weinig Zeit hat und einfach nur wissen will, ob Klimaschutz irgendeinen Sinn macht, kann hier mit wenig Zeit/Leseaufwand (ca. 23 Seiten) zu einer klaren Antwort zu kommen.

Die UN-Klimapolitik fordert dramatische Eingriffe in unser Leben. Wir zahlen absurde Summen für den Klimaschutz, ruinieren unsere Existenz und sollen uns in unseren Freiheiten einschränken lassen um die Welt zu retten. Beraten werden wir in dieser wichtigen Angelegenheit ausschließlich von Spezialisten, die direkt oder indirekt vom IPCC abhängig sind.

Es ist höchste Zeit, dass wir dieses Feld nicht ausschließlich Spezialisten und Aktivisten überlassen, die uns aus Eigennutz oder Verblendung in den Untergang führen.

Mein Ziel ist es, diese Informationen einem möglichst breiten Publikum zugänglich zu machen. Die PDF-Version dieses Textes ist deshalb kostenlos und darf nach Belieben weitergegeben werden. Für eine eventuelle kommerzielle Nutzung behalte ich mir alle Rechte vor.

Bevor wir über Klimawissenschaft reden, ist es sinnvoll kurz zu erklären wie Wissenschaft „funktioniert".

Erkenntnistheorie: Wie kann man wissen was wahr und was falsch ist? Gibt es eine absolute Wahrheit?

Die Klärung dieser Fragen wurde aus den Lehrplänen unserer Schulen bewusst ausgeklammert und unsere Leitmedien bemühen sich nach Kräften die Grenzen zwischen wahr und falsch zu verwischen. Ein kurzer Ausflug in die Erkenntnistheorie (Epistemologie) erscheint mir deshalb sinnvoll.

Praktizierende Naturwissenschaftler schenken diesem Aspekt ihrer Arbeit oft wenig Beachtung und halten sich einfach an die naturwissenschaftliche Methodik, die man ihnen in der Ausbildung beigebracht hat. Die naturwissenschaftliche Methode ist recht einfach:

1. Man hat eine Vermutung.
2. Man berechnet die Auswirkungen, die diese Vermutung hat (Vermutung + berechnete Auswirkungen sind dann die Hypothese).
3. Man überprüft durch Versuche, ob die berechneten Auswirkungen tatsächlich zu beobachten sind.
4. Wenn die Versuchsergebnisse nicht zu den berechneten Auswirkungen passen, ist die Hypothese falsch.
5. Wenn die Versuchsergebnisse die Hypothese bestätigen, gilt die Hypothese solange als richtig bis sie durch ein Versuchsergebnis widerlegt wird. D.h. die Hypothese muss einer ständigen Überprüfung durch Versuche standhalten.

Die naturwissenschaftliche Methode ist also eine Methode zum Überprüfen von Vermutungen.

Diese Methodik war bisher außerordentlich erfolgreich. Unsere moderne Welt wurde auf dieser Grundlage aufgebaut. Beeindruckt vom Erfolg der Naturwissenschaften, vielleicht auch ein wenig neidisch, haben sich Anfang des letzten Jahrhunderts einige Philosophen die naturwissenschaftliche Methode etwas genauer angesehen und daraus die Philosophie des Positivismus entwickelt. Wer mehr darüber wissen will, sollte sich die Werke von Karl Popper oder A.J. Ayer ansehen (Ich weiß, das ist in Sachen Erkenntnistheorie nicht mehr der letzte Schrei, reicht aber für unsere Zwecke aus). Wie schon erwähnt, kann man auch ohne Ayer oder Popper gelesen zu haben, Naturwissenschaft betreiben. Wenn es aber darum geht die Ergebnisse naturwissenschaftlicher Arbeiten zu beurteilen, ist es sehr nützlich, die Grundbegriffe dieser Erkenntnistheorie im Hinterkopf zu haben. Wie bei allem was zuverlässig funktioniert, sind auch hier die Grundlagen einfach.

Man teilt Aussagen über die Welt in drei Kategorien ein:

- Wahre Aussagen
- Falsche Aussagen
- Sinnlose Aussagen

Was falsche und sinnlose Aussagen sind, ist schnell erklärt. Falsch sind Aussagen, die logisch/mathematisch falsch sind z.B. 2 + 2 = 5 oder Aussagen, die (durch einen Versuch) überprüfbar falsch sind z.B. „Unter Normaldruck gefriert Wasser bei 90°C". Sinnlos sind Aussagen, die nicht durch Anwendung von Logik/Mathematik überprüft werden können und sich einer experimentellen Überprüfung entziehen. Ein Paradebeispiel für sinnlose Aussagen ist die Aussage: „Auf der Rückseite des Mondes steht eine Teekanne". Diese Aussage wäre prinzipiell überprüfbar. Aber weil uns die technischen Mittel fehlen das zu tun, behandeln wir sie als sinnlose Aussage.

Wenn eine Aussage logisch oder mathematisch richtig ist, ist sie recht einfach als wahre Aussage zu erkennen. Ein Beispiel hierfür wäre 2 + 2 = 4.

Schwieriger wird es, wenn der Wahrheitsgehalt einer Aussage durch Versuche überprüft werden muss. Es liegt in der Natur der Sache, dass man nur eine endliche Anzahl von Versuchen zur Überprüfung einer Aussage durchführen kann. Selbst wenn eine sehr große Anzahl von Versuchen durchgeführt wird, und alle diese Versuche die Aussage als wahr bestätigen, kann man sich nie ganz sicher sein, dass nicht doch irgendwann ein Versuch durchgeführt wird, dessen Ergebnis zeigt, dass die Aussage falsch ist. Wenn auch nur ein Versuch zeigt, dass die Aussage falsch ist, ist sie als falsche Aussage zu klassifizieren (egal wie oft sie vorher wahr war).

Das hat zur Folge, dass wissenschaftliche Theorien oder Hypothesen (das sind Aussagen die experimentell, d.h. durch Versuche überprüft werden können) nie bewiesen werden können. Sie gelten nur, bis sie zum ersten Mal widerlegt werden.

Das klassische Beispiel für diesen Sachverhalt ist die Hypothese „alle Schwäne sind weiß". Diese Hypothese hatte Bestand, bis man Australien entdeckt hat, und dort den ersten schwarzen Schwan sah.

Im Umkehrschluss heißt das, dass wissenschaftliche Theorien und Hypothesen widerlegbar (**falsifizierbar**) sein müssen.

Ein schönes Beispiel hierfür ist die Hypothese der durch den Menschen verursachten Erderwärmung (man made global warming). Diese Hypothese ist falsifizierbar (widerlegbar). Um die Hypothese zu prüfen misst man eine Zeit lang die „Weltdurchschnittstemperatur" und sieht dann ob es wärmer oder kälter wird. Die Beobachtungen, Temperatur bleibt gleich oder Temperatur fällt würden die Hypothese falsifizieren. Damit qualifiziert sich diese Hypothese als wissenschaftliche Hypothese.

Vor ein paar Jahren hat man bei der UN das Wording etwas angepasst. Man spricht jetzt nur noch vom „man made climate change". D.h. egal wie sich das Klima ändert, die Aussage dieser Hypothese ist immer wahr. Diese Hypothese ist nicht falsifizierbar und ist damit keine wissenschaftliche Hypothese. In solchen Fällen spricht man dann von Pseudowissenschaft, weil man die Kollegen nicht Betrüger nennen will.

Der Umstand, dass wissenschaftlichen Theorien/Hypothesen nicht beweisbar sind, hat dramatische Auswirkungen auf die Praxis des Klimaleugners. Seine Gegner können einen beliebig großen Aufwand treiben um zu zeigen, dass ihre Theorie/Hypothese wahr ist. Es wird ihnen aber

nie gelingen zu zeigen, dass ihre Theorie/Hypothese mit absoluter Sicherheit wahr ist. Für den Kritiker der Theorie/Hypothese sieht das ganz anders aus. Wenn er auch nur einen Fehler in der gegnerischen Theorie/Hypothese findet, hat er gezeigt, dass diese Theorie/Hypothese falsch ist. Seine Aussage „die gegnerische Theorie/Hypothese ist falsch" ist dann eine <u>absolute Wahrheit</u>.

Vor dem Hintergrund dieser Asymmetrie wird verständlich, wieso man mit Ketzern so grob umgeht.

Ein einziger Amateur kann ganze Tausendschaften hochbezahlter Wissenschaftler auf dem Gebiet der Naturwissenschaft schlagen.

Wie wir im Folgenden sehen werden, haben die Klimaleugner auf dem Gebiet der Wissenschaft die Schlacht schon seit Jahrzehnten gewonnen. Was wir zurzeit beobachten ist nur noch ein Informationskrieg. Man will mit allen Mitteln die Klimaleugner davon abhalten die Wahrheit über die „Man Made Global Warming" Theorie an die breite Öffentlichkeit zu bringen.

Noch kurz eine Erläuterung zu den Begriffen naturwissenschaftliche Theorie und Hypothese. Beides sind Aussagen/Annahmen, die durch Versuche überprüft werden können. Wenn eine naturwissenschaftliche Hypothese einer intensiven Prüfung stand hält und sich über längere Zeit bewährt hat, erhebt man sie in den Status einer Theorie. Eine Theorie ist also eine Hypothese, auf die man sich bisher sehr gut verlassen konnte und von der man annimmt, dass das auch so bleibt. Die besten Beispiele hierfür sind meiner Meinung nach die Evolutionstheorie und die Hauptsätze der Thermodynamik. Ich würde mich sehr wundern, wenn diese Theorien noch zu meinen Lebzeiten falsifiziert würden. Aber ganz ausschließen kann man das trotzdem nicht.

Die Unterscheidung zwischen Theorie und Hypothese wird oft recht lax gehandhabt. Besonders gut erkennt man das an der Bezeichnung „String Theorie". Diesen Unsinn hat noch keiner experimentell bestätigt und trotzdem nennt man dieses Konstrukt Theorie.

Praktisch jede Theorie bzw. Hypothese in der Naturwissenschaft geht von **Randbedingungen** aus. Diese Randbedingungen werden bei der Herleitung der Theorie/Hypothese benutzt und sind das Fundament, auf dem die Theorie/Hypothese aufbaut. Die Theorie/Hypothese kann nur dann sinnvolle Aussagen liefern, wenn diese Randbedingungen erfüllt sind. Wenn sich herausstellt, dass auch nur eine der Randbedingungen nicht erfüllt ist, bricht die ganze Theorie/Hypothese zusammen.

Das will ich am Fallgesetz veranschaulichen. Die Formel, die die von Gegenständen im freien Fall zurückgelegte Strecke beschreibt, ist wahrscheinlich (zumindest schemenhaft) jedem aus der Schule bekannt:

$s = \frac{1}{2} g t^2$; mit s: zurückgelegte Strecke; g: Erdbeschleunigung = $9{,}81 m/s^2$; t: Zeit

Bei der Herleitung dieser Formel (oder Theorie) ging man von folgenden Randbedingungen aus:

1. Der Gegenstand bewegt sich nahe der Erde, d.h. für alle praktischen Zwecke wirkt auf ihn die Erdbeschleunigung mit $9{,}81 m/s^2$.
2. Auf den Gegenstand wirkt außer der Schwerkraft der Erde keine andere Kraft (deshalb freier Fall genannt).

Eine typische Anwendung dieser Formel ist die Bestimmung der Tiefe eines Brunnens. Man wirft einen Stein in den Brunnen und zählt die Sekunden, bis man den Stein ins Wasser plumpsen hört. Aus der gemessenen Zeit kann man dann nach obiger Formel die Brunnentiefe berechnen.

Randbedingung 1 (es wirkt die Erdbeschleunigung) ist erfüllt. Ein Stein hat im Vergleich zu seinem Gewicht eine recht kleine Oberfläche. Dadurch wird der Luftwiderstand über kurze Fallstrecken vernachlässigbar klein. So ist auch Randbedingung 2 recht gut erfüllt und die Formel liefert brauchbare Ergebnisse.

Benutzt man eine Feder statt eines Steines, funktioniert diese Methode nicht mehr. Mal abgesehen davon, dass man es nicht plumpsen hört, wenn die Feder ins Wasser fällt, wirkt auf die Feder im Verhältnis zu ihrem Gewicht ein recht großer Luftwiderstand. Damit ist die 2. Randbedingung nicht mehr erfüllt und die Anwendung der Formel (Theorie) liefert keine sinnvolle Aussage über die Tiefe des Brunnens.

Naturwissenschaft zeichnet sich also nicht dadurch aus, dass sie von hoch bezahlten Wissenschaftlern in weißen Kitteln betrieben wird, sondern dadurch, dass man nach der naturwissenschaftlichen Methode arbeitet.

Um es mit Richard Feynman zu sagen: „Science is the belief in the ignorance of the experts" (Wissenschaft ist der Glaube an die Unkenntnis der Experten). Wissenschaft ist „anarchistisch". Autoritäten zählen nichts und Konsens (Mehrheitsmeinung) ist egal. Eine einzige Person kann zeigen, dass sich der Rest der Welt geirrt hat.

Bevor wir zum eigentlichen Thema dieses Artikels übergehen, will ich noch kurz andeuten, was ein wissenschaftliches Modell ist. **Wissenschaftliche Modelle** dienen dazu wissenschaftliche Hypothesen oder Theorien zu veranschaulichen. Wenn man mit komplizierten Dingen oder Vorgängen konfrontiert ist, sieht man oft „vor lauter Bäumen den Wald nicht mehr". Um mehr Klarheit in die Situation zu bringen, schließt man alles, was keinen Einfluss auf den beobachteten Vorgang zu haben scheint, aus der Betrachtung aus. Man reduziert so die komplexe Wirklichkeit auf ein Minimum von Objekten oder Einflüssen. Man versucht die Beschreibung des zu untersuchenden Vorgangs so einfach wie möglich zu halten.

Bei dem oben erwähnten Beispiel, Stein in den Brunnen werfen, beschreibt man Erde und Stein als zwei Massepunkte, zwischen denen nur die Schwerkraft wirkt. In einem dieser Massepunkte ist die gesamte Masse der Erde lokalisiert. In dem anderen Massepunkt die Masse des Steines. Obwohl dieses Modell von der Wirklichkeit sehr verschieden ist, erlaubt es den freien Fall eines Steines in einen Brunnen recht gut zu beschreiben.

Wissenschaftliche Modelle können einfache mechanische Anordnungen, Graphen, Zeichnungen, Gleichungen, Computermodelle und vieles mehr sein. Alle wissenschaftlichen Modelle haben folgendes gemeinsam:

Modell: Dient der Veranschaulichung einer Hypothese/Theorie

    Reduziert die Wirklichkeit auf einfache/wenige Einflüsse/Objekte

    Gute Modelle beschreiben den beobachteten Vorgang „recht ordentlich"

    Sehr gute Modelle erlauben sogar Vorhersagen

Kurz gesagt: Alle Modelle sind falsch. Manche Modelle sind brauchbar.

Wie groß ist das CO_2-Problem?

Neben den erkenntnistheoretischen Grundlagen sollte man auch nie aus den Augen verlieren, wie groß das Problem ist, über das man diskutiert. Deshalb müssen wir uns einen groben Überblick über das Ausmaß des „CO_2-Problems" verschaffen.

Treibhausgase in der Erdatmosphäre

Im Zusammenhang von Gasmischungen wird oft von Konzentrationen gesprochen. „Konzentration" ist in diesem Zusammenhang eigentlich nur ein andres Wort für Gehalt. Konzentrationen kann man in verschiedenen Maßeinheiten angeben. Der CO_2-Gehalt der Luft liegt bei ca. 0,04%vol und schwankt etwas mit der Jahreszeit. Weil 0,04%vol eine unhandlich kleine Zahl ist, gibt man den CO_2-Gehalt meist in der Maßeinheit ppmv an. Das sind dann 400ppmv CO_2. ppm ist eine Abkürzung für „parts per million" oder Teile pro eine Million Teile.

0,04%vol = 400ppmv

Diese 400ppmv CO_2 kann man sich folgendermaßen veranschaulichen. Ein Kubikmeter enthält 1000 000ml. Ein Kubikmeter Luft mit 400ppmv CO_2 enthält damit 400ml CO_2.

Treibhausgase nennt man die Bestandteile der Luft, die Infrarotstrahlung (Wärmestrahlung) absorbieren. Das sind vor allem Wasser(dampf) und CO_2.

Auf Methan werde ich hier nicht eingehen. Im Prinzip gilt für Methan das gleiche wie für CO_2. Außerdem wird es in der Atmosphäre zu CO_2 und Wasser oxidiert.

Der Wassergehalt der Luft hängt stark von der Lufttemperatur ab. Bei Polarluft rechnet man mit ca. 0,1%Vol Wasserdampf. Tropenluft enthält ca. 3%Vol Wasserdampf. Im Folgenden werde ich mit einem Mittelwert von ca. 1,3%Vol Wasserdampf rechnen (Spalte 4, Tabelle 1).

Laut IPCC sollen ca. 3 bis 4%Vol des in der Atmosphäre enthaltenen CO_2 menschlichen Ursprungs sein.

Damit ergeben sich die folgenden Volumenanteile.

Tabelle 1: Luftzusammensetzung

	Polarluft Volumen %	Tropenluft Volumen %	**Mittelwert** Volumen %	**Treibhausgase** Volumen %
Stickstoff	77,303%	75,741%	77,069%	
Sauerstoff	20,737%	20,318%	20,674%	
Argon	0,925%	0,906%	0,922%	
Wasser	0,100%	3,000%	**1,300%**	96,938%
Natürliches CO2	0,040%	0,039%	0,039%	2,944%
„Menschliches" **CO2**	0,002%	0,002%	0,002%	**0,118%**
Treibhausgase	0,142%	3,041%	1,341%	100,000%

Demnach enthält die „Durchschnittsluft" ca. 1,3%Vol Treibhausgase. In der Hauptsache ist das Wasserdampf (ca. 1,3%Vol). Der CO_2-Anteil liegt bei ca. 0,04%Vol. Wenn wir mit dem vom IPCC geschätzten menschlichen Anteil von 4% am Gesamt-CO_2 rechnen, ergibt sich für den durch den Menschen verursachten Anteil an den atmosphärischen Treibhausgasen etwas mehr als 0,1%Vol.

Diesen winzigen „menschlichen" Anteil des CO_2s in einer Graphik darzustellen, ist nicht ganz einfach. In Ermangelung besserer Möglichkeiten versuche ich es mit einer „geschachtelten" Tortengraphik (Abbildung 2).

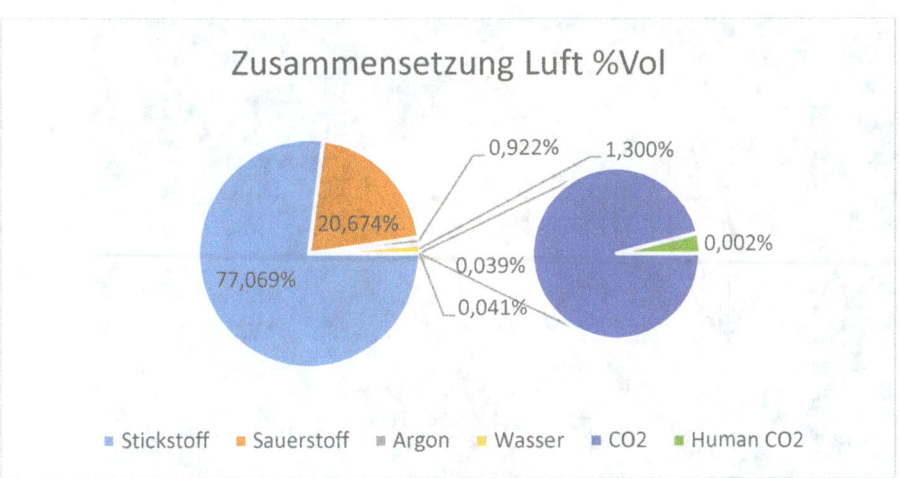

Abbildung 2

D.h. Wasserdampf ist das absolut dominierende Treibhausgas (95%Vol bis 97%Vol der Gesamttreibhausgasmenge). CO_2 macht ca. 3%Vol bis 4%Vol der Treibhausgase aus. Von diesen 3%Vol bis 4%Vol soll der durch Menschen verursachte Anteil, ca. 4%Vol sein, also nur etwas mehr als 0,1%Vol der Gesamttreibhausgasmenge.

Nochmal: **ca. Eintausendstel (1/1000) der Treibhausgase soll laut IPCC menschlichen Ursprungs sein (Abbildung 3).**

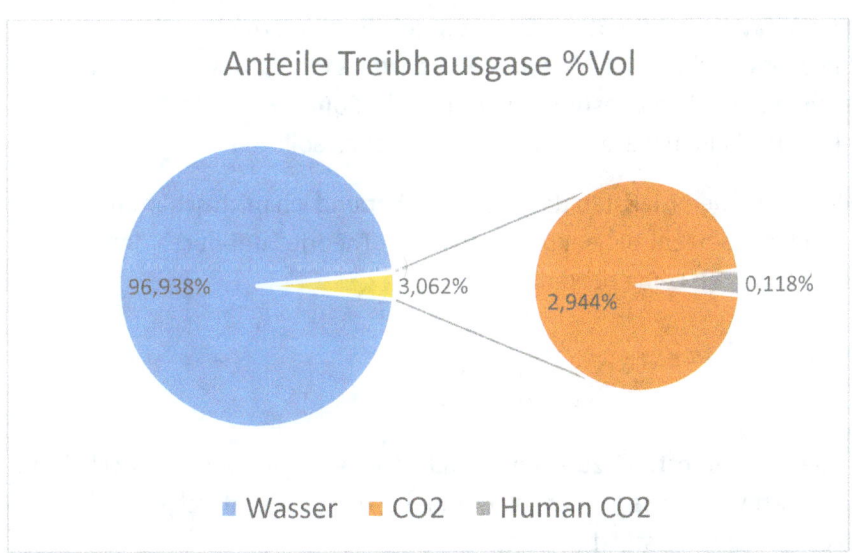

Abbildung 3

Der Umstand, dass ich mir um dieses Tausendstel (1/1000) Sorgen machen soll, während das wichtigste Treibhausgas (Wasserdampf) je nach Wetter um einen Faktor 30 schwanken kann, ist bemerkenswert.

Nachdem wir nun eine Idee davon haben wie klein der Anteil der Treibhausgase menschlichen Ursprungs an den atmosphärischen Treibhausgasen ist, sehen wir uns mal an, wie es um das Größenverhältnis zwischen unserer Atmosphäre und unserer Wärmequelle, der Sonne, bestellt ist.

Abbildung 4: Quelle: https://rense.com/1.imagesH/13db967.jpg

Die Sonne ist ca. 1,3 Millionen Mal so groß wie die Erde und ca. 150 000 000km von uns entfernt. Unsere Erde ist mit einer Atmosphäre umgeben, die ca. 0,016 Erdradien dick ist (Abbildung 4).

Diese dünne Lufthülle soll ca. 0,002%Vol bis 0,006%Vol CO_2 menschlichen Ursprungs enthalten. Moderne, UN gesponserte, Klimawissenschaft will uns nun erklären, dass dieser winzige Anteil eines harmlosen Gases das Klimageschehen der Welt bestimmt während die Sonne, die ca. 1,3 Millionenmal so groß wie die Erde ist, keinen wesentlichen Einfluss haben soll.

Nachdem der Leser nun eine Idee über den Maßstab des Problems hat und ich mich schlimmster Polemik und Verharmlosung schuldig gemacht habe, können wir der „Theorie" der durch den Menschen verursachten Erderwärmung zu Leibe rücken.

Widerlegung der „Theorie" der durch den Menschen verursachten Erderwärmung

Die UN fordert, dass wir, „um die Welt zu retten", zu einer vorindustrielle Lebensweise zurückkehren sollen. Seitens der Klimawissenschaft wird diese Forderung durch die Theorie der durch den Menschen verursachten Erderwärmung unterstützt .

Die Theorie der durch den Menschen verursachten Erderwärmung geht von folgenden Randbedingungen aus.

1. **Der seit Beginn der industriellen Revolution beobachtete, stetige Anstieg des CO_2-Gehalts in der Atmosphäre ist dadurch verursacht, dass der Mensch fossile Brennstoffe verbrennt.**
2. **Es gibt einen atmosphärischen Treibhauseffekt.** Der Anstieg der CO_2-Konzentration in der Atmosphäre verstärkt den atmosphärischen Treibhauseffekt und führt so zu einer (gefährlichen) Erwärmung der Erde.

Diese Randbedingungen sind absolut unabdingbar für die „Man Made Global Warming" Theorie des IPCC. **Wenn auch nur eine dieser Randbedingungen widerlegt werden kann, ist die ganze Klimakrise als Irrtum bzw. Betrug entlarvt.**

Im Wesentlichen werde ich mich darauf beschränken zu zeigen, dass diese beiden fundamentalen Randbedingungen nicht erfüllt sind.

Was verursacht den Anstieg der atmosphärischen CO_2-Konzentration?

Rekonstrution historischer CO_2-Daten aus Eisbohrkernen

Um zu zeigen, dass diese Randbedingung 1 (Mensch verursacht CO_2-Anstieg) erfüllt ist, wartet der IPCC immer wieder mit einer Rekonstruktion historischer CO_2-Konzentrationen auf.

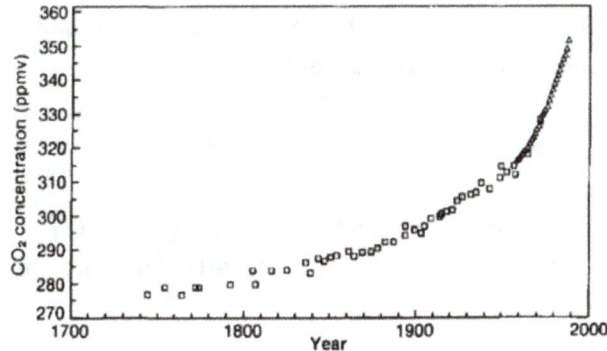

Figure 1.3: Atmospheric CO_2 increase in the past 250 years, as indicated by measurements on air trapped in ice from Siple Station, Antarctica (squares, Neftel et al , 1985a, Friedli et al , 1986) and by direct atmospheric measurements at Mauna Loa, Hawaii (triangles, Keeling et al , 1989a)

Abbildung 5: Quelle „Climate Change the IPCC Scientific Assesment" (1990)

Abbildung 5 ist dem IPPC-Report von 1990 entnommen. Auf der senkrechten Achse der Graphik ist die CO_2-Konzentration in der Atmosphäre, gemessen in ppmv, abgetragen. Auf der waagerechten Achse ist das Jahr eingetragen, das man dem jeweiligen Messwert zugeornet hat (Zeitachse). Ab dem Jahr 1958 hat man in der Atmosphäre (Messstation auf dem Mauna Loa, Hawaii) gemessene CO_2-Werte eingetragen. Die Werte vor 1958 wurden aus der ersten großen antarktischen Eisbohrung gewonnen.

Bei dieser Rekonstrution historischer, atmosphärischer CO_2-Konzentrationen geht die IPCC-Wissenschaft davon aus, dass bei der Bildung der Gletscher Luft ins Gletschereis eingeschlossen wird. Um an das sehr alte Eis und die darin eingeschlossene Luft zu gelangen, führt man mit enormen finanziellem Aufwand Tiefbohrungen auf Gletschern in Grönland und in der Antarktis durch. Aus den dabei gewonnenen Eisbohrkernen kann man die eingeschlossene Luft wieder befreien und ihren CO_2-Gehalt bestimmen. Dabei macht man die Annahme, dass diese Luft im Eis perfekt konserviert wird und dass sich ihr CO_2-Gehalt über die Jahrhunderte nicht ändert. Das Alter der Eisbohrkernproben wird meist über die im Eis zu erkennende Schichtung (<= Wechsel der Jahreszeiten) und die Tiefe der Probenahme bestimmt.

Ganz wichtig für die Argumentation des IPCCs ist dabei, dass man in den Eisbohrkernen nur sehr niedrige CO_2-Konzentrationen für die vorindustielle Zeit findet. Die berühmten, immer wieder zitierten <u>vorindustiellen 280ppmv CO_2</u> sind der wichtigste Grundpfeiler der UN-IPCC-Klimawissenschaft.

Man braucht diesen tiefen, vorindustiellen Wert, um die 400ppmv der Gegenwart dramatisch erscheinen zu lassen.

Die in den Eisbohrkernen eingeschlossenen Luftblasen stehen unter sehr hohen Druck (bis ca. 350bar). Die Probenahme (Kernbohrung) ist nicht sehr schonend. Bei der Entnahme der Bohrkerne aus großen Tiefen ändert sich der auf den Bohrkernen lastende Druck dramatisch (von mehreren hundert bar auf Atmosphärendruck). Dabei entstehen Risse, in die das Bohrwasser eindringen kann. Die Annahme, dass sich der CO_2-Gehalt der eingeschlossenen Luft unter diesen Bedingungen nicht verändert, ist ganz sicher falsch. Zbigniew Jaworowski (2007) geht detailliert auf diese Problematik ein.

Zbigniew Jaworowski: „CO2: The Greatest Scientific Scandal Of Our Time", (21st Century Science & Technology 2007), https://21sci-tech.com/Articles%202007/20_1-2_CO2_Scandal.pdf . Der Artikel ist sehr lesenswert.

Besonders verdächtig ist die Verwendung dieser Daten vor dem Hintergrund, dass es andere weit weniger aufwändige Methoden zu Rekonstruktion historischer CO_2-Konzentrationen gibt.

Wie weit reichen zuverlässige Messungen der atmosphärischen CO_2-Konzentration zurück?

Die zuverlässigste und billigste Quelle für historische CO_2-Daten sind alte Aufzeichungen von CO_2-Labormessungen. Schon seit Beginn des 19ten Jahrhunderts existieren sehr zuverlässige Methoden zur Analyse des CO_2-Gehaltes der Luft.

Ernst-Georg Beck hat über 90 000 historische Messungen des atmosphärischen CO_2 zusammengestellt und die dazugehörigen Dokumentationen zu überprüft. Die Messungen erstrecken sich über den Zeitraum von 1812 bis 1961 und erfolgten an speziellen Messstationen auf der Nordhalbkugel. Diese Messungen wurden von seriösen Wissenschaftlern durchgeführt. Die Messfehler der verwendeten Methoden liegen meist unter 3%.
https://www.friendsofscience.org/assets/files/documents/CO2%20Gas%20Analysis-Ernst-Georg%20Beck.pdf

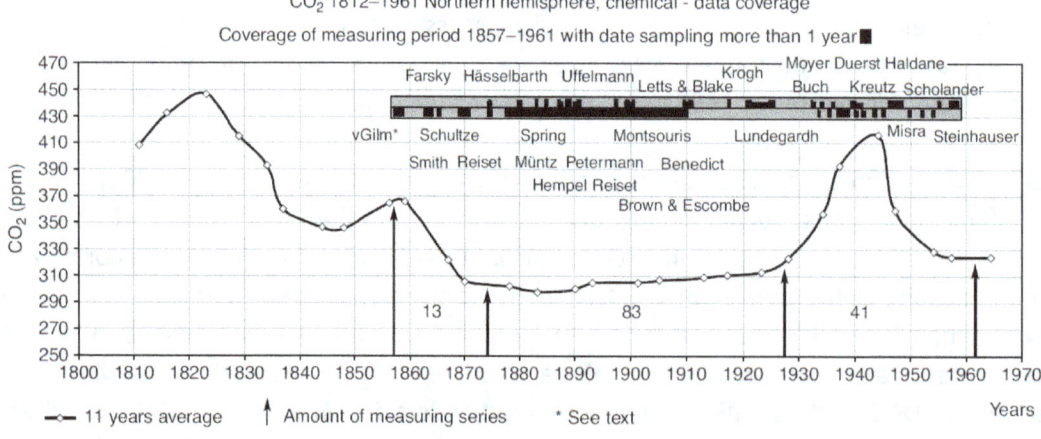

Figure 11: Local CO_2 concentration for the northern hemisphere, determined through chemical analysis between 1812 and 1861. Data plotted as an 11 year average. Data coverage and important scientists indicated in dark grey/black. The curve delineates three major maxima in CO_2 content, though the one situated around 1820 must be treated as provisional only. Data series used: time window 1857–1873: 13 yearly averages, 83 until 1927 and up to 1961 41 data records (eleven interpolated).

Abbildung 6: Für den Zeitraum von 1812 bis 1961 zusammengestellte Analysenergebnisse des atmosphärischen CO2 (Beck 2007)

In Abbildung 6 sieht man deutlich, dass in den 1820er und 1940er CO_2-Konzentrationen in der Atmosphäre gemessen wurden, die höher waren als die heutigen 400ppmv. Randbedingung 1

(vorindustrielle 280ppmv CO2) der IPCC-Theorie der menschgemachten Erderwärmung ist damit zweifelsfrei ungültig. Vom wissenschaftlichen Standpunkt her gesehen ist die Klimadiskussion damit beendet. Was wir zurzeit erleben ist nur noch der Informationskrieg.

180 YEARS OF ATMOSPHERIC CO_2 GAS ANALYSIS BY CHEMICAL METHODS

Ernst-Georg Beck

Dipl. Biol. Ernst-Georg Beck, 31 Rue du Giessen, F-68600 Biesheim, France

E-mail: egbeck@biokurs.de; 2/2007

ABSTRACT

More than 90,000 accurate chemical analyses of CO_2 in air since 1812 are summarised. The historic chemical data reveal that changes in CO_2 track changes in temperature, and therefore climate in contrast to the simple, monotonically increasing CO_2 trend depicted in the post-1990 literature on climate-change. Since 1812, the CO_2 concentration in northern hemispheric air has fluctuated exhibiting three high level maxima around 1825, 1857 and 1942 the latter showing more than 400 ppm.

Between 1857 and 1958, the Pettenkofer process was the standard analytical method for determining atmospheric carbon dioxide levels, and usually achieved an accuracy better than 3%. These determinations were made by several scientists of Nobel Prize level distinction. Following Callendar (1938), modern climatologists have generally ignored the historic determinations of CO_2, despite the techniques being standard text book procedures in several different disciplines. Chemical methods were discredited as unreliable choosing only few which fit the assumption of a climate CO_2 connection.

Abbildung 7: Abstrakt von Becks Artikel,
https://www.friendsofscience.org/assets/files/documents/CO2%20Gas%20Analysis-Ernst-Georg%20Beck.pdf

An den unten abgebildeten historischen CO_2-Messgeräten (Abbildung 8) kann man erkennen, dass es sich bei diesen Messmethoden um standardisierte Routinemethoden gehandelt hat und nicht wie uns der IPCC glauben machen will um unzuverlässige, gelegentliche Laborversuche. Die Methoden sind so genau, dass Wetterschwankungen, Wechsel der Jahreszeiten und sogar der Wechsel der Mondphasen in den regelmäßig aufgezeichneten Daten zu erkennen sind.

264 *Energy & Environment* · Vol. 18, No. 2, 2007

Pettenkofer 1920 | Petterson/Sonden 1912 | Riedel/Schuftan 1933

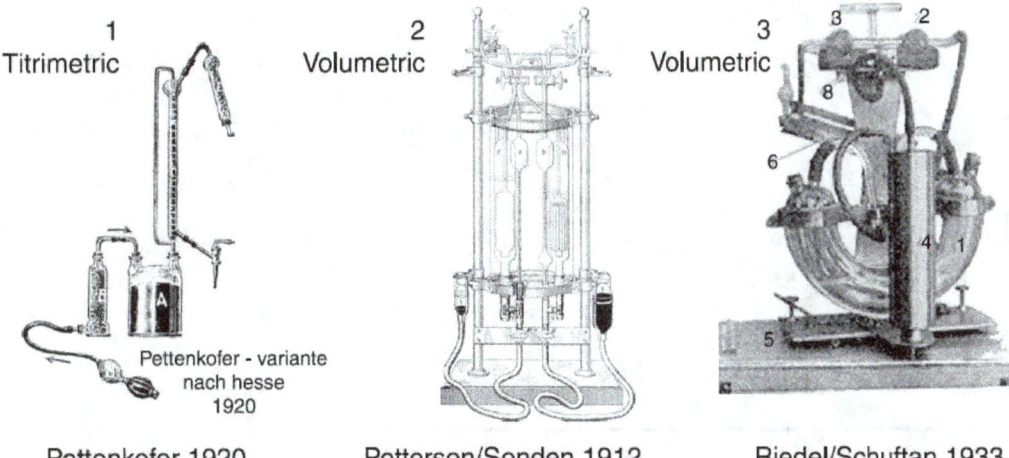

Figure 3: Important historic gas analysers used by hundreds of scientists up to 1961 [26, 42, 43, 44].

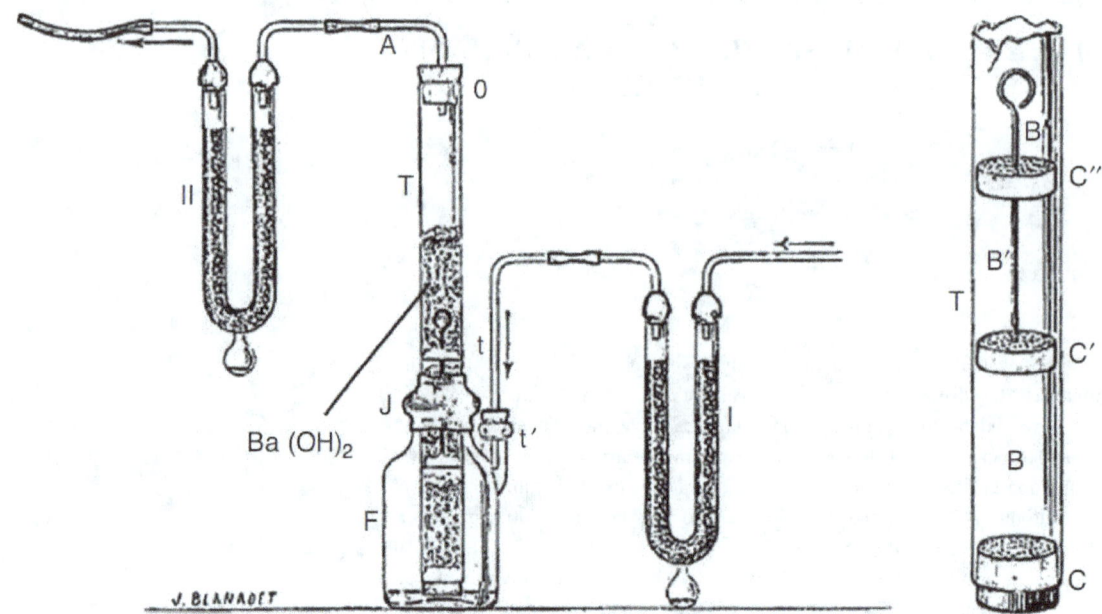

Figure 4: Part of equipment used by Reiset at Dieppe (F) 1872–80 with sulfuric acid for drying air (31). I = U-tube with sulfuric acid.

Abbildung 8: Historische CO_2-Messgeräte, Quelle: Beck

Wieso tauchen die hohen atmosphärischen CO2-Konzentrationen des 19ten Jahrhunderts nicht in den Eisbohrkerndaten auf?

Die Antwort auf diese Frage ist verblüffend einfach. Man hat geschummelt.

Sehen wir uns mal die Originaldaten der ersten großen antarktischen Gletscherbohrungen (Siple Station west Antarktis, antarktischer Sommer 1983-84) an (Abbildung 9). Die Messergebnisse dieser Gletscherbohrung sind immer noch auf der Web-Seite des „Carbon Dioxide Information Analysis Center CDIAC" für jeden zugänglich.

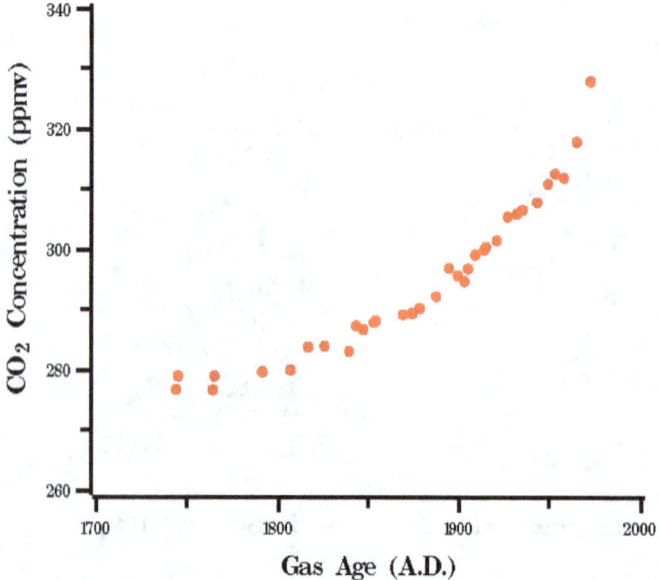

Abbildung 9: Quelle: CDIAC, Siple Station CO_2-Eisbohrkerndaten als Funktion der Zeit, https://cdiac.ess-dive.lbl.gov/trends/co2/graphics/siple-gr.gif

Die graphische Darstellung der Messergebnisse ist unauffällig. Die Daten scheinen die offizielle Story vom durch den Menschen verursachten CO_2-Anstieg zu bestätigen. Mit Beginn der industriellen Revolution (ca. 1750) steigen die CO_2-Konzentrationen, ausgehend von den vorindustriellen 280ppmv, stetig bis in die Gegenwart an.

Hier eine Kopie des vom CDIAC veröffentlichten Originaldatensatzes:

```
**************************************************************************
*** Historical CO2 Record from the Siple Station Ice Core              ***
***                                                                    ***
*** September 1994                                                     ***
***                                                                    ***
*** Source: A. Neftel                                                  ***
***         H. Friedli                                                 ***
***         E. Moor                                                    ***
***         H. Lotscher                                                ***
***         H. Oeschger                                                ***
***         U. Siegenthaler                                            ***
***         B. Stauffer                                                ***
***         Physics Institute                                          ***
***         University of Bern                                         ***
***         CH-3012 Bern, Switzerland                                  ***
**************************************************************************
                                                            CO2
                         Date of      Date air       concentration in
  Depth      Samples       ice        enclosed        extracted air
   (m)       measured    (yr AD)      (yr AD)            (ppmv)
187.0-187.3     10         1663       1734-1756           279
177.0-177.3     10         1683       1754-1776           279
162.0-162.3      9         1723       1794-1819           280
147.0-147.2     10         1743       1814-1836           284
128.0-129.0     47         1782       1842-1864           288
111.0-112.0     26         1812       1883-1905           297
102.0-103.0     26         1832       1903-1925           300
 92.0-93.0      25         1850       1921-1943           306
 82.0-83.0      28         1867       1938-1960           311
 76.2-76.6      11         1876       1947-1969           312
 72.4-72.7      11         1883       1954-1976           318
 68.2-68.6       8         1891       1962-1983           328
**************************************************************************
Average       CO2
 depth   Gas  concentration
  (m)  (yr AD) (ppmv)
187.70  1744   276.8
177.50  1764   276.7
168.30  1791   279.7
154.89  1816   283.8
142.75  1839   283.1
140.75  1843   287.4
138.20  1847   286.8
134.47  1854   288.2
126.80  1869   289.3
123.80  1874   289.5
121.80  1878   290.3
116.82  1887   292.3
110.20  1899   295.8
108.80  1903   294.8
107.20  1905   296.9
105.25  1909   299.2
101.80  1915   300.5
 98.80  1921   301.6
 95.17  1927   305.5
 90.77  1935   306.6
 86.80  1943   307.9
 81.22  1953   312.7

Data in the first table were published in Neftel et al. (1985); data in the second
table were published by Friedli et al. (1986).

CO2 concentrations are expressed in parts per million by volume.
```

Quelle: https://cdiac.ess-dive.lbl.gov/trends/co2/siple.html, https://cdiac.ess-dive.lbl.gov/ftp/trends/co2/siple2.013

Es werden zwei Versionen der Daten angegeben die zweite Version (von Friedli et al. 1986) entspricht der oben gezeigten graphischen Darstellung der Daten (Abbildung 9).

Wesentlich interessanter ist die erste Version. Diese von Neftel et al. 1985 veröffentlichte Tabelle birgt eine kleine Offenbarung. Im Eis, das um **1891** auf dem Gletscher abgelagert wurde, findet man CO_2-Konzentrationen von **328 ppmv**. Dieser Wert passt gar nicht zu den vom IPCC geforderten vorindustriellen 280ppmv. **So ein hoher Wert sollte eigentlich erst in den 1980er erreicht werden.**

Diese hohen CO_2-Konzentrationen in den oberen Eisschichten stellen die IPCC-Wissenschaftler vor ein ernstes Problem. **Wenn sie diese Werte unkorrigiert stehen lassen passen sie absolut nicht zu den sakrosankten vorindustriellen 280ppmv.** Um die Theorie der durch den Menschen verursachten Erderwärmung zu retten, müssen deshalb die Werte irgendwie angepasst werden. Wenn sie die Werte anpassen, gestehen sie damit ein, dass CO_2-Daten aus Eisbohrkeren nicht geeignet sind halbwegs genaue Rekonstruktionen historischer CO_2-Konzentrationen zu erstellen.

Um sich aus der Affäre zu ziehen, verfallen die Forscher auf einen einfachen Trick. Sie behaupten, dass diese Messwerte nur deshalb so hoch sein können, weil das Eis in den ersten acht Jahrzehnten nach seiner Ablagerung immer noch Gase mit der Atmosphäre austauscht. Aber danach ändert sich die Zusammensetzung der eingeschlossenen Luft über Jahrtausende nicht mehr. Unter diesem Vorwand verschieben sie die Zeitachse ihrer Messungen soweit bis die Ergebnisse aus dem Eis auf die CO2-Messungen von Mauna Loa (Hawaii) passen (Abbildung 10).

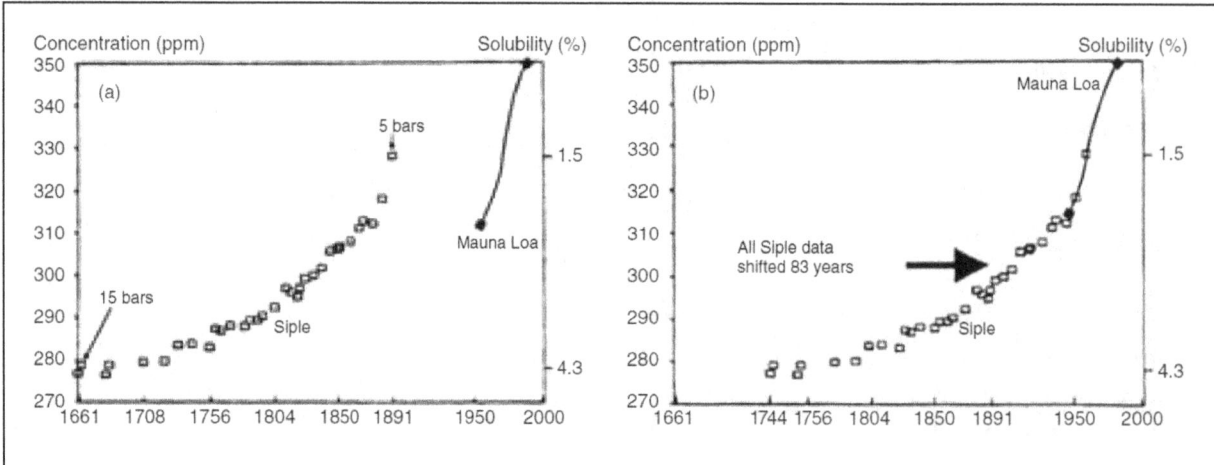

Figure 4
MOTHER OF ALL CO_2 HOCKEY CURVES
Concentration of CO_2 in air bubbles from the pre-industrial ice from Siple, Antarctica (open squares), and in the 1958-1986 atmosphere at Mauna Loa, Hawaii (solid line). In (a), the original Siple data are given without assuming an 83-year-younger age of air than the age of the enclosing ice. In (b), the same data are shown after an arbitrary correction of the age of air.
Source: Adapted from Friedli et al. 1986 and Neftel et al. 1985

Abbildung 10: Quelle: Zbigniew Jaworowski: Um die Hypothese der menschgemachten Erderwärmung zu retten verschiebt man einfach die Zeitachse der Messungen um 83Jahre.

Eine weitere Möglichkeit zur Ermittlung von CO_2-Konzentrationen in historischen Atmosphären ist die Messung der sog. Stomatadichte von historischem oder fossilem Pflanzenmaterial.

Rekonstruktion atmosphärischer CO_2-Konzentrationen über Stomata-Proxys

Pflanzen nehmen aus der Luft CO_2 auf. In der Photosynthese bauen sie daraus neues Pflanzenmaterial auf. Sie können das CO_2 nicht direkt durch ihre Außenhaut aufnehmen. Deshalb besitzen sie auf ihren Blättern spezielle Spaltzellen (sog. Stomata, Abbildung 11), durch die der Gasaustausch mit der Umgebung erfolgt.

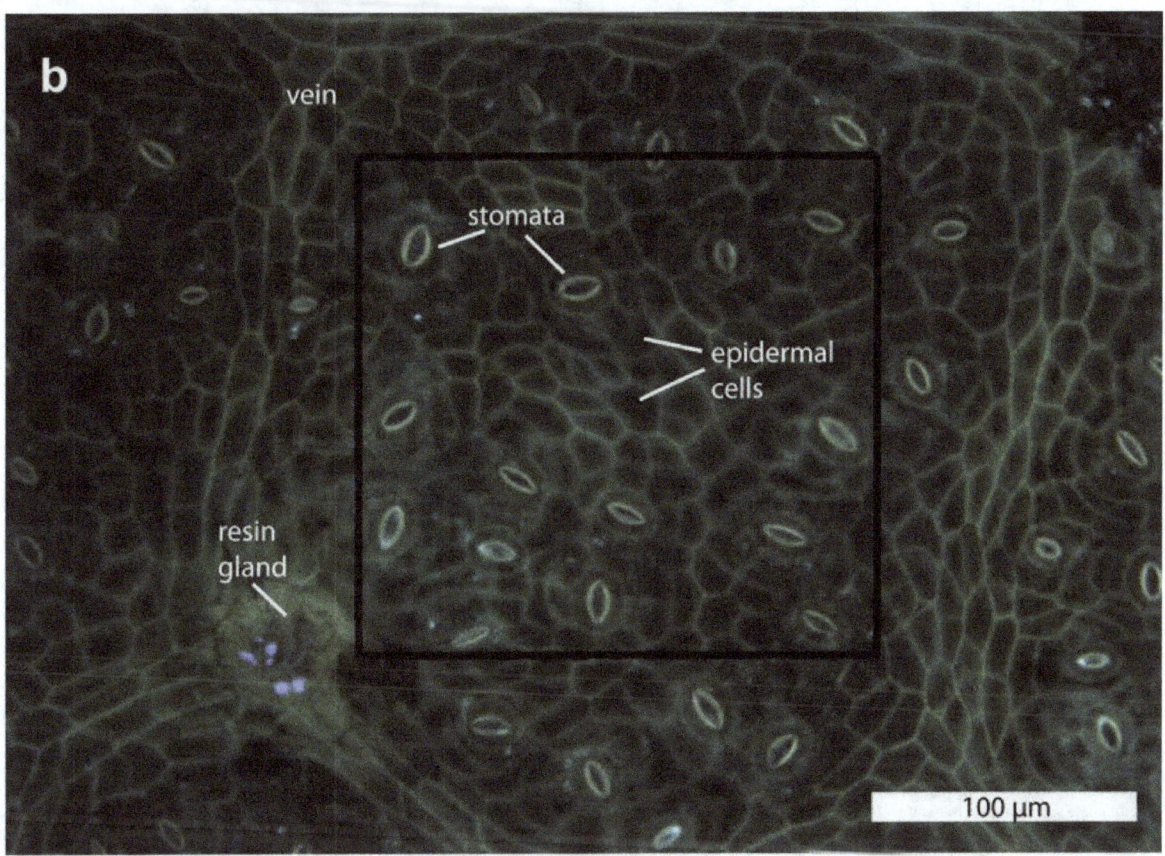

Abbildung 11: Spaltzellen (Somata) Quelle: Stomatal proxy record of CO2 concentrations from the last termination suggests an important role for CO2 at climate change transitions Margret Steinthorsdottir et al. Quaternary Science Reviews 68 (2013) 43-58, http://people.geo.su.se/barbara/pdf/Steinthorsdottir%20et%20al%202013%20QSR.pdf

Weil Pflanzen bei der Aufnahme von CO_2 auch immer Wasser über die Stomata verlieren, versuchen sie die Anzahl der Stomata so gering wie möglich zu halten. Pflanzen, die in einer Atmosphäre mit hohem CO_2-Gehalt wachsen, bilden deshalb, auf die Blattfläche bezogen, weniger Stomata aus als Pflanzen, die in einer Atmosphäre mit niedrigem CO_2-Gehalt wachsen.

Wenn man, innerhalb einer Pflanzenart, die Stomatadichte (Anzahl der Spaltzellen pro Fläche) von Blättern vergleicht, kann man ermitteln, bei welchen CO_2-Konzentrationen die Pflanzen gewachsen sind. Anhand von historischem oder fossilem Blattmaterial lässt sich so der CO_2-Gehalt vergangener Atmosphären ermitteln.

Die folgende Abbildung (Abbildung 12) zeigt einen Vergleich zwischen einem über Stomatadichten ermittelten Verlauf der CO_2-Konzentration und entsprechenden Eisbohrkerndaten über die letzten 14000 Jahre. Man sieht, dass die Eisbohrkerndaten auf kurzfristige CO_2-Konzentrationsänderungen nicht reagieren und immer deutlich unter den „Stomata-Daten" liegen. **Interessant ist, dass bei der Rekonstruktion über Stomatadichten 400ppmv atmosphärisches CO_2, auch in sehr alten Proben, nichts Ungewöhnliches sind.**

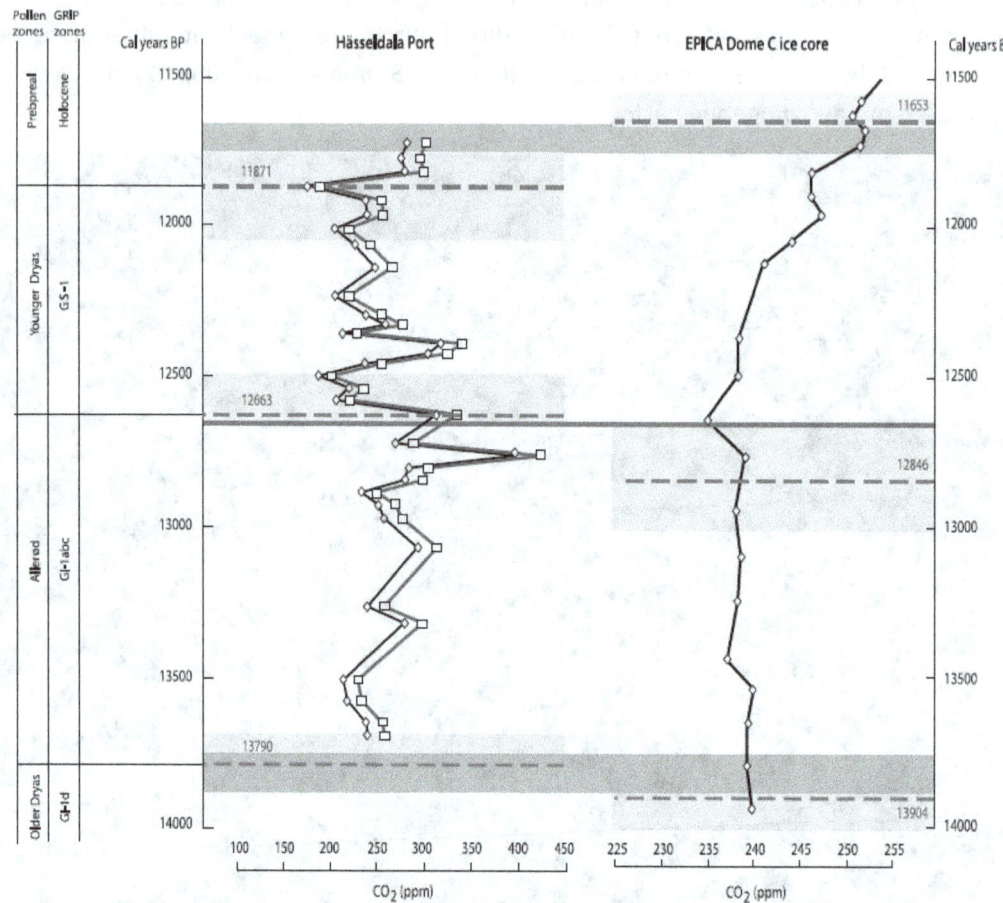

Fig. 8. Comparison with Antarctic ice core-based atmospheric CO_2 record. On the left hand side is the Hässeldala Core 5 stomatal index based CO_2 concentration record, showing approximate minimum and maximum CO_2 concentrations (see Table 3 for errors). On the right hand side is an Antarctic CO_2 record reconstructed from air bubbles in the ice cores obtained at Dome C by the EPICA project (Monnin et al., 2001), synchronized with the Greenland ice core timescale (Lemieux-Dudon et al., 2010). The ages of the main climate change boundaries for each record are illustrated with dashed lines, surrounded by their error ranges in light grey (based on Walker et al., 2008 for the Greenland ice core chronology). The darker grey bars, which overlap the error ranges shown in light grey, illustrate that the ages for each of the boundaries are comparable within their error ranges. The records, although displaying some similarities, are clearly different. Firstly, the magnitude and range of CO_2 concentrations are much larger in the Hässeldala Port record. Secondly, the stomatal-based record shows a more dynamic CO_2 development through time, in particular across the climate change boundaries, while the ice core-based record shows an almost linear, smoothed development.

Abbildung 12: Vergleich Gang der CO2-Konzentration links rekonstruiert über Stomatadichte/index rechts aus Eisbohrkern. Quelle: Stomatal proxy record of CO2 concentrations from the last termination suggests an important role for CO2 at climate change transitions Margret Steinthorsdottir et al. Quaternary Science Reviews 68 (2013) 43-58, http://people.geo.su.se/barbara/pdf/Steinthorsdottir%20et%20al%202013%20QSR.pdf

Das hier Gesagte soll nicht heißen, dass aus Eisbohrkernen gewonnene Klimadaten vollkommen unbrauchbar sind. Diese Daten haben erheblich zum Verständnis des Klimageschehens auf diesem Planeten beigetragen. Aber speziell im Fall des sehr gut wasserlöslichen und sehr beweglichen Gases CO_2 sind die Eisbohrkerndaten nur mit Vorbehalten brauchbar. Aus Eisbohrkernen ermittelte CO_2-Daten weisen meist einen Unterbefund auf und spiegeln „kurzfristige" CO_2-Schwankungen in der Atmosphäre nicht wieder.

Falsifizierung von Randbedingung 1 (CO_2-Anstieg menschgemacht) mittels offiziellen IPCC-Daten

Man muss nicht unbedingt „Fremddaten" benutzen um zu zeigen, dass der Anstieg der atmosphärischen CO_2-Konzentration nicht durch den Menschen verursacht wird. Auch mit offiziellen vom IPPC autorisierten und herausgegebenen Informationen ist das ohne großen Aufwand möglich.

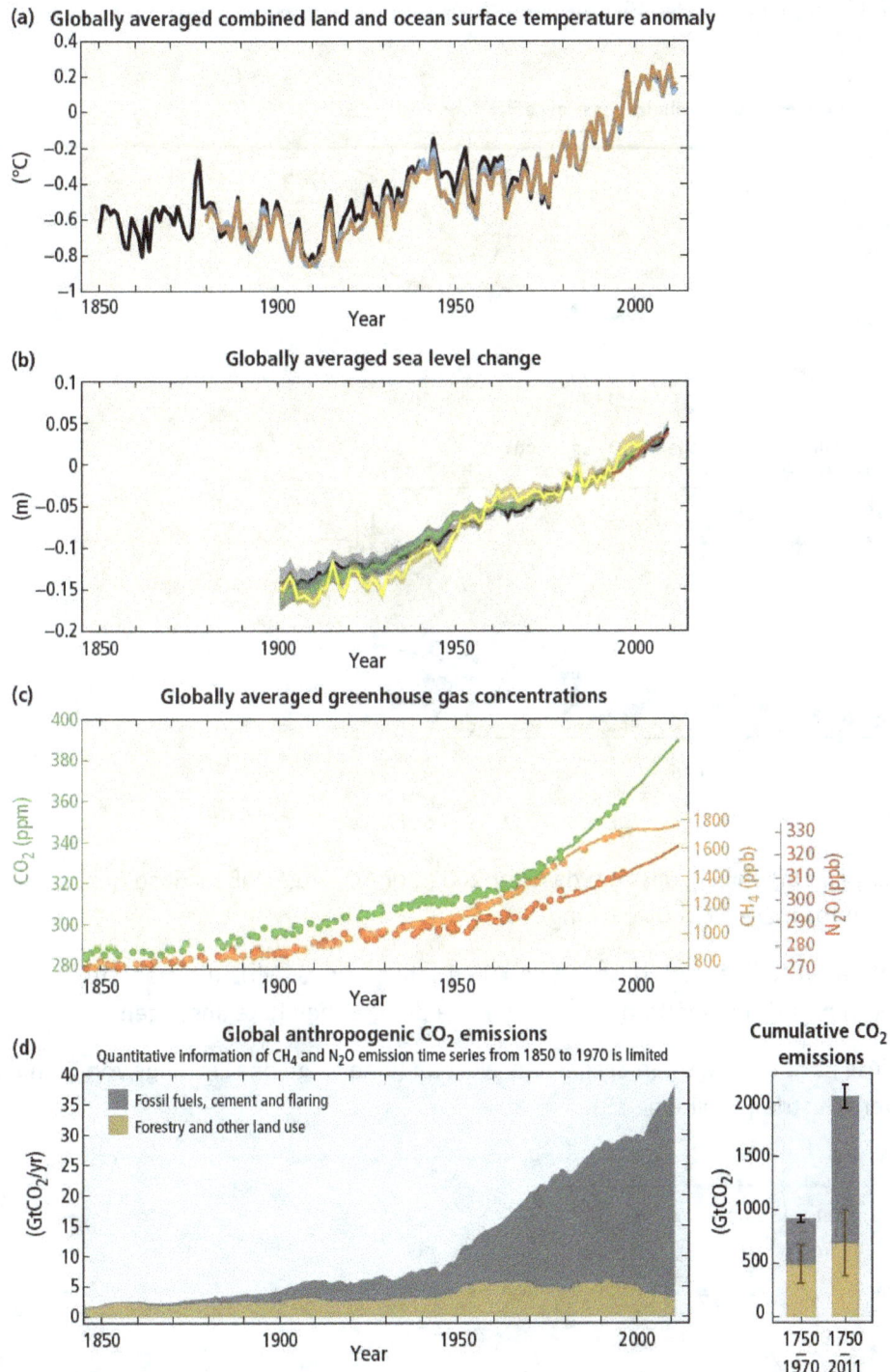

Figure SPM.1 | The complex relationship between the observations (panels a, b, c, yellow background) and the emissions (panel d, light blue background) is addressed in Section 1.2 and Topic 1. Observations and other indicators of a changing global climate system. Observations: **(a)** Annually and globally averaged combined land and ocean surface temperature anomalies relative to the average over the period 1986 to 2005. Colours indicate different data sets. **(b)** Annually and globally averaged sea level change relative to the average over the period 1986 to 2005 in the longest-running dataset. Colours indicate different data sets. All datasets are aligned to have the same value in 1993, the first year of satellite altimetry data (red). Where assessed, uncertainties are indicated by coloured shading. **(c)** Atmospheric concentrations of the greenhouse gases carbon dioxide (CO_2, green), methane (CH_4, orange) and nitrous oxide (N_2O, red) determined from ice core data (dots) and from direct atmospheric measurements (lines). Indicators: **(d)** Global anthropogenic CO_2 emissions from forestry and other land use as well as from burning of fossil fuel, cement production and flaring. Cumulative emissions of CO_2 from these sources and their uncertainties are shown as bars and whiskers, respectively, on the right hand side. The global effects of the accumulation of CH_4 and N_2O emissions are shown in panel c. Greenhouse gas emission data from 1970 to 2010 are shown in Figure SPM.2. {Figures 1.1, 1.3, 1.5}

Abbildung 13

Die vorherige Seite (Abbildung 13) ist dem "Climate Change 2014 Report" des IPCC entnommen (https://www.ipcc.ch/site/assets/uploads/2018/02/AR5_SYR_FINAL_SPM.pdf , Seite 3). Und zwar dem „Summary for Policymakers" (also für Deppen). Wahrscheinlich war man deshalb etwas unvorsichtig.

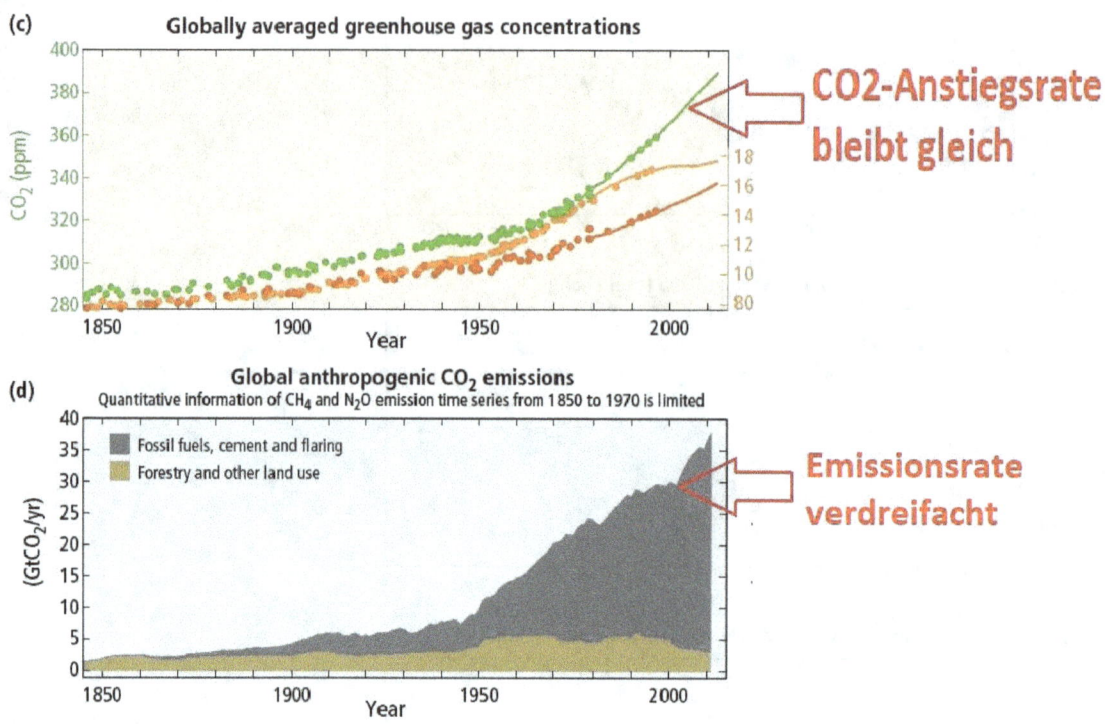

Abbildung 14: Hier kann etwas nicht stimmen, Quelle: Climate Change 2014 Report (IPCC)

Prof. Dr. Murry Salby ist aufgefallen, dass um das Jahr 2002 der CO_2-Auststoß nicht so richtig zum CO_2-Anstieg in der Atmosphäre passt (Abbildung 14).

Bei der Analyse der Daten stellt er fest, dass seit den 90er Jahren bis ca. 2002 die menschliche CO_2-Emission durch Verbrennung fossiler Brennstoffe mit etwa der gleichen Rate anstiegen.

Nach 2002 stieg diese Rate auf etwa den dreifachen Wert an (eine Folge des Einstiegs von China und Indien in die Schwerindustrie)(Abbildung 15).

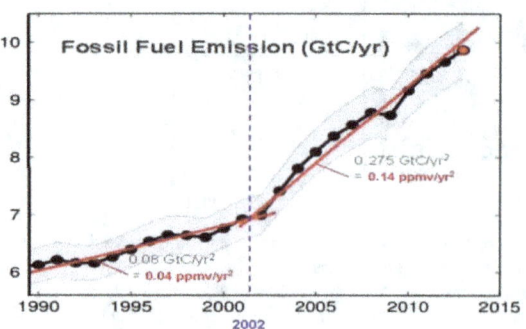

Abbildung 15: Quelle: Vortrag Murry Salby London 2015 https://www.youtube.com/watch?v=jZ0R1MCkSOU

Wenn die Randbedingung erfüllt ist, dass der Anstieg der CO_2-Konzentration in der Atmosphäre nur dadurch verursacht wird, dass Menschen fossile Brennstoffe verbrennen, wäre zu erwarten, dass nach 2002 die CO_2-Konzentration in der Atmosphäre deutlich schneller ansteigt als zuvor.

Tatsächlich beobachtet man aber etwas ganz anderes. In den in Hawaii gemessenen CO_2-Konzentrationen der Atmosphäre ist nach dem Jahr 2002 kein stärkerer Anstieg zu beobachten. Trotz der Verdreifachung des menschlichen CO_2-Ausstoßes, durch die Verbrennung fossiler Brennstoffe, blieb der Anstieg der atmosphärischen CO_2-Konzentration auch nach 2002 unverändert (Abbildung 16).

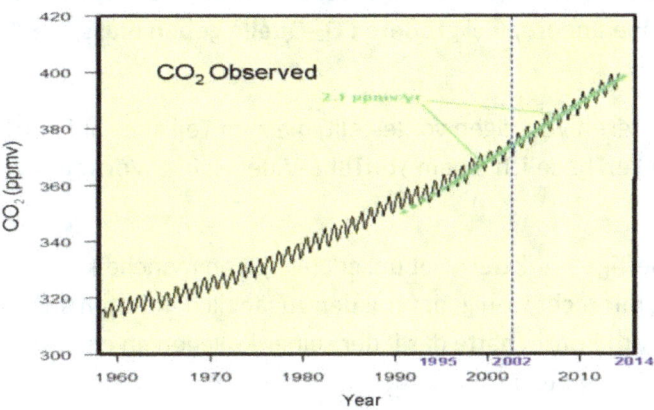

Abbildung 16: Vortrag Murry Salby London 2015 https://www.youtube.com/watch?v=jZ0R1MCkSOU

Diese Beobachtung steht in direktem Widerspruch zu der wichtigsten Randbedingung, auf der die Hypothese der durch den Menschen verursachten Erderwärmung aufbaut. Murry Salby konnte damit zeigen, dass der CO_2-Ausstoß durch Verbrennung fossiler Brennstoffe, keinen messbaren Einfluss auf den Anstieg der CO_2-Konzentration in der Atmosphäre hat (Abbildung 17).

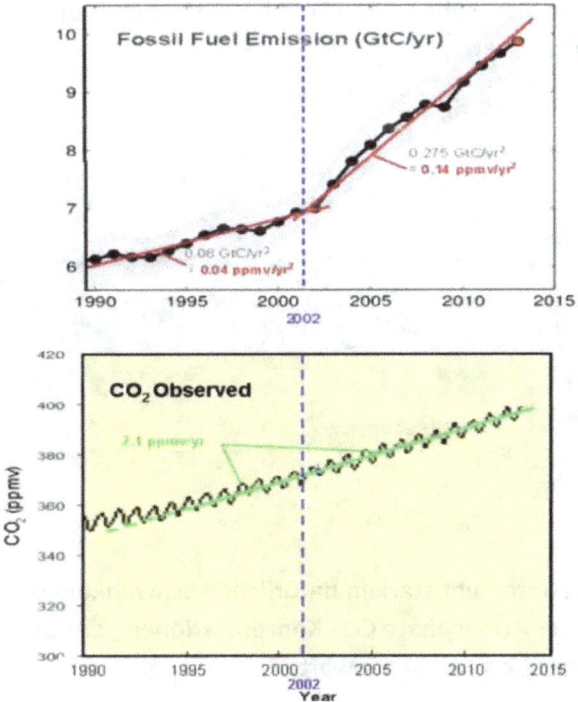

Abbildung 17: Vortrag Murry Salby London 2015 https://www.youtube.com/watch?v=jZ0R1MCkSOU

Im Umkehrschluss bedeutet das, dass die CO_2-Konzentration in der Atmosphäre auch dann weiter ansteigen würde, wenn wir keine fossilen Brennstoffe mehr verbrennen würden. Oder kurz gesagt:
Wir haben keinen messbaren Einfluss auf die CO_2-Konzentration in der Atmosphäre.

Murry Salby hat für diese Beobachtung eine Fehlerabschätzung gemacht. Er kommt dabei zu folgendem Ergebnis: Auch wenn alle Messfehler der zu Grunde liegenden Messungen „zu unseren Ungunsten" in dieselbe Richtung gehen, kann der durch den Menschen verursachte Anstieg der CO_2-Konzentration in der Atmosphäre ein Drittel des beobachteten Anstiegs nicht übersteigen.

Selbst unter der Annahme, der Fehler wäre 50%, hätten wir demnach nicht die Möglichkeit den „CO_2-Anstieg" zu stoppen. Das heißt **alle Maßnahmen zum Klimaschutz sind wirkungslos, weil es neben dem menschlichen CO_2-Ausstoß noch eine andere, viel größere CO_2-Quelle geben muss**, die das Geschehen beherrscht.

Murry Salby hat diese Ergebnisse in mehreren Vorträgen vorgestellt, die zum Teil auch auf YouTube zu finden sind. Die hier gezeigten Graphiken habe ich einem YouTube-Video seines Vortrages vom 17.03.2015 in London entnommen.

Salby erntete für seine These zum Teil heftige Kritik der „Debunker" (auch von manchen „Klimarealisten"). Seine Analyse kommt mit recht wenigen, für jeden zugänglichen Daten aus. Seine Argumentation ist sehr klar und einfach. Im Prinzip hätte das jeder seiner Kollegen an einem Vormittag erledigen können (ohne Supercomputer).

Zusammenfassung, Falsifizierung von Randbedingung 1 (CO_2-Anstieg menschgemacht)

Vergegenwärtigen wir uns nochmals die beiden Randbedingungen der IPCC-Theorie, deren Ungültigkeit ich beweisen will:

1. Der seit Beginn der industriellen Revolution beobachtete, stetige Anstieg des CO_2-Gehalts in der Atmosphäre ist dadurch verursacht, dass der Mensch fossile Brennstoffe verbrennt.
2. Es gibt einen atmosphärischen Treibhauseffekt. Der Anstieg der CO_2-Konzentration in der Atmosphäre verstärkt den atmosphärischen Treibhauseffekt und führt so zu einer (gefährlichen) Erwärmung der Erde.

Randbedingung 1 ist nachweislich ungültig

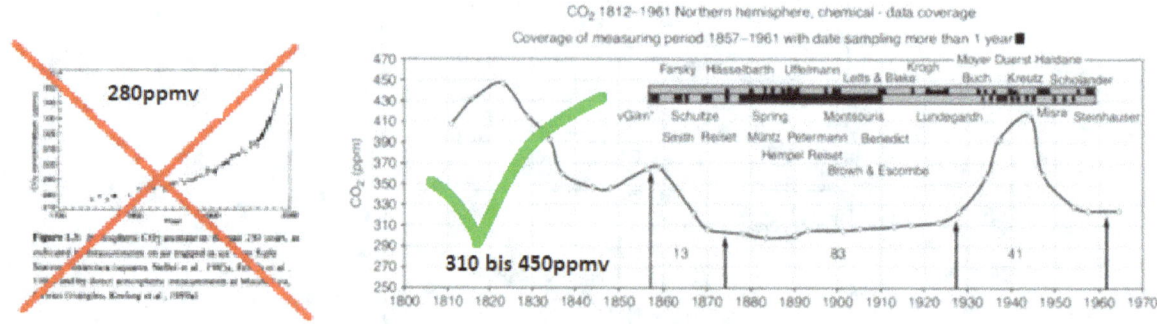

Abbildung 18

Der CO_2-Gehalt der Atmosphäre unterliegt starken natürlichen Schwankungen. Auch in vorindustrieller Zeit wurden in der Atmosphäre CO_2-Konzentrationen gemessen, die mindestens so hoch waren wie die CO_2-Konzentration der Gegenwart.

Die vom IPCC für die vorindustrielle Zeit angegebenen 280ppmv CO_2 basieren auf ungeeigneten Methoden und geschummelten Messungen.

Der menschliche CO_2-Ausstoß ist vor dem Hintergrund sehr großer natürlicher CO_2-Quellen so gering, dass Klimaschutzmaßnahmen keinen messbaren Einfluss auf die atmosphärische CO_2-Konzentration haben können.

Das Thema Klimaschutz ist damit erledigt. Es steht nicht in unserer Macht durch CO_2-Einsparung den Anstieg der atmosphärischen CO_2-Konzentration zu stoppen.

Wie zu Beginn des Textes angekündigt, wurde, ohne komplizierte Argumente zu bemühen, eindeutig gezeigt, dass die „Man Made Global Warming-Hypothese" falsch ist. Leser, die einfach nur wissen wollten, ob CO_2-einsparende Klimaschutzmaßnahmen sinnvoll sind oder nicht, können an dieser Stelle die Lektüre guten Gewissens beenden.

Für Leser, die um ein tieferes Verständnis der Materie bemüht sind, werde ich nun etwas mehr ins Detail gehen. Wo es mir sinnvoll erscheint werde ich einfaches Schul/Grundwissen auffrischen und auch einfache Berechnungen ausführlich besprechen.

Vorab ein paar Grundlagen zur Auffrischung des Schulwissens

Im Folgenden wird häufig von **Energie** die Rede sein. Weil dieser Begriff heutzutage stark von Esoterikern, „Psychologen" und Coaches aller Art strapaziert wird, will ich darauf hinweisen, dass dieser Begriff im Folgenden ausschließlich diese Bedeutung hat: **Die in einem System enthaltene Energie beschreibt die Fähigkeit dieses Systems Arbeit zu leisten oder Wärme zu erzeugen.** Einzelheiten dazu kann man in der Wikipedia oder in Lehrbüchern nachlesen.

Phase: In Chemie und Physik versteht man unter einer Phase einen räumlichen Bereich, in dem sich die Materialeigenschaften nicht abrupt ändern. Die Grenzfläche zwischen zwei Phasen nennt man Phasengrenze. An der Phasengrenze ändern sich die Materialeigenschaften abrupt. Das kann man sich an einem teilweise mit Cola gefüllten Glas veranschaulichen (Abbildung 19).

Abbildung 19: Halbleeres Cola-Glas

Das Glas enthält eine Gasphase (Luft) und eine wässrige Phase (Cola). Innerhalb der jeweiligen Phasen ändern sich die Materialeigenschaften nicht. An der Grenze zwischen den beiden Phasen kommt es zu einer abrupten Änderung der Materialeigenschaften. So ändert sich die Farbe von farblos zu dunkelbraun. Die Dichte ändert sich von ca. 1,2kg/m^3 in der Luft auf ca. 1000kg/m^3 im Cola. Der Zuckergehalt der Luft ist 0 g/liter. Im Cola ist der Zuckergehalt ca. 100g/liter.

Wie stellt man sich Gase, Flüssigkeiten und Feststoffe vor?
Weil wir im Folgenden über die Atmosphäre und die Ozeane reden werden, soll noch schnell erklärt werden, wie man sich Gase, Flüssigkeiten und Feststoffe in einem einfachen Teilchenmodell vorstellt.

Gase bestehen aus sehr kleinen Teilchen, meistens kleine Moleküle. Die Luft besteht hauptsächlich aus Stickstoff (N_2-Molekül) und Sauerstoff (O_2-Molekül). Die Größe dieser Moleküle misst man in der Maßeinheit Pikometer (Abkürzung: pm). Ein Pikometer hat eine Länge von 0,000 000 000 001m oder 10^{-12}m. Stickstoff- und Sauerstoffmoleküle haben eine Länge von etwas mehr als 100pm. CO_2 ist ein stabförmiges Molekül und ist etwa doppelt so lang wie Sauerstoff oder Stickstoff.

Zwischen Gasteilchen wirken nur sehr schwache Anziehungskräfte. Sie sind deshalb frei beweglich. Sie bewegen sich sehr schnell. In dem ihnen zur Verfügung stehenden Raum bewegen sie sich kreuz und quer durcheinander. Dabei stoßen sie mit anderen Gasteilchen oder, wenn sie in einem Behälter eingeschlossen sind, mit der Behälterwand zusammen. Bei Zusammenstößen übertragen sie einen Teil ihrer Bewegungsenergie auf andere Gasteilchen oder die Behälterwand. Wenn man die Temperatur eines Gases erhöht, bewegen sich die Gasteilchen schneller. Dadurch wird der Abstand zwischen den Gasteilchen größer und das Gas dehnt sich aus. Ist das Gas in einem festen Behälter eingeschlossen (d.h. es kann sich nicht ausdehnen), steigt der Druck im Behälter an, weil dann die Gasteilchen die Behälterwand mit höherer Geschwindigkeit treffen. Die dem Gas beim Erwärmen zugeführte Energie ist dann in der Bewegungsenergie der Gasteilchen gespeichert. D.h. beim Erwärmen werden die Gasteilchen schneller.

Flüssigkeiten bestehen auch aus sehr kleinen Teilchen. Von Gasen unterscheiden sich Flüssigkeiten dadurch, dass sich die Flüssigkeitsteilchen gegenseitig stärker anziehen. Dadurch bewegen sich die Teilchen nicht mehr frei im Raum herum. Ihre Beweglichkeit ist im Vergleich zu Gasen stark eingeschränkt. Sie bleiben dicht beisammen und bilden eine sichtbare Oberfläche. Wie bei Gasen reagieren auch Flüssigkeitsteilchen auf Erwärmung damit, dass sich ihre Bestandteile schneller bewegen. Wenn man eine Flüssigkeit ausreichend erwärmt, werden die Flüssigkeitsteilchen so schnell, dass sie die gegenseitigen Anziehungskräfte überwinden können. Sie durchbrechen dann die Oberfläche der Flüssigkeit und bewegen sich wie Gasteilchen frei im Raum. Diesen Vorgang nennt man verdunsten. Beim Abkühlen werden sie wieder langsamer und kehren wieder in die Flüssigkeit zurück oder bilden kleine Tropfen. Diesen Vorgang nennt man Kondensation.

Feststoffe unterscheiden sich von Gasen und Flüssigkeiten vor allem dadurch, dass sich die Teilchen, aus denen sie bestehen, sehr stark gegenseitig anziehen. Durch die starke gegenseitige Anziehung sind die Teilchen an ihrem Platz im Feststoff verankert. Sie schwingen nur etwas um diesen Platz hin und her. Wenn man die Temperatur des Feststoffes erhöht werden die Schwingungen größer, bis sich die Teilchen von ihrem Platz lösen können. Der Feststoff fängt an zu schmelzen und wird zu einer Flüssigkeit.

Unter diesem Link findet man eine Animation, die das oben gesagte gut veranschaulicht:
https://www.youtube.com/watch?v=_GzuKdPkdDQ

CO_2-Lösungsgleichgewicht zwischen Atmosphäre und Ozeanen

Rein gefühlsmäßig fällt es schwer zu glauben, dass die menschlichen CO_2-Emmissionen keinen messbaren Einfluss auf die Konzentration von CO_2 in der Atmosphäre haben sollen. Dieses Rätsel wird sich aber nach einer kurzen Einführung in die Löslichkeitseigenschaften von CO_2 in den Ozeanen klären. Was genau alles mit CO_2 im Wasser der Ozeane passiert, ist noch Gegenstand der Forschung und nicht vollständig geklärt. Ich gehe aber davon aus, dass das im Folgenden Gesagte als recht gut gesichert gelten kann.

CO_2 löst sich im Wasser der Ozeane sehr gut. Man geht davon aus, dass in den Ozeanen 50mal so viel CO_2 gelöst ist, wie in der Atmosphäre als Gas enthalten ist. An der schönen runden Zahl 50 erkennt man, dass der genaue Faktor nicht bekannt ist. Diese Zahl steht im CO_2-Artikel der Wikipedia, taucht auch immer wieder in der Literatur auf und scheint eine recht brauchbare Schätzung zu sein. Es kommt auch nicht so genau drauf an. Wichtig ist nur, dass die Ozeane viel, viel mehr CO2 enthalten als die Atmosphäre. Das CO_2 in den Ozeanen steht mit dem CO_2 in der Atmosphäre in einem **Lösungsgleichgewicht**.

Im Jahr 1802 formulierte William Henry das sog. Henry-(Absorbtions)gesetz. Einzelheiten dazu kann man in der Wikipedia nachlesen. Auf unser Problem angewendet sagt das Henry-Gesetz, dass sich ein Gas, bei gleichbleibender Temperatur und unveränderlichem Volumen, zwischen einer Gasphase und einer Wasserphase immer im gleichen Verhältnis verteilen wird.

Am einfachsten lässt sich das an einem Gedankenexperiment (Modell) erklären:

Wir gehen von einem geschlossenen Behälter aus, der mit Stickstoff und Wasser gefüllt ist (Abbildung 20).

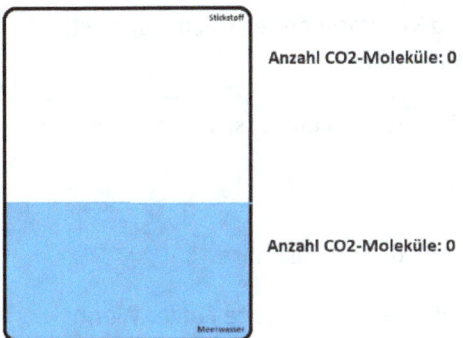

Abbildung 20:

In die Gasphase (N_2-Phase) des Behälters bringen wir eine CO_2-Menge ein (Abbildung 21).

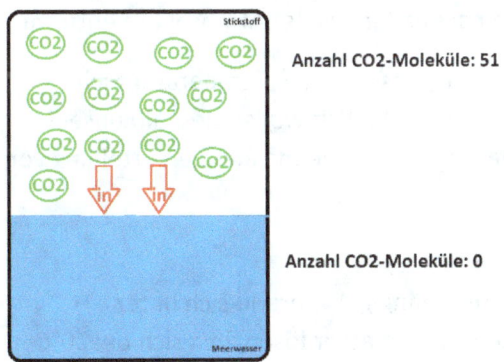

Abbildung 21: CO_2 wird in die Gasphase eingebracht und löst sich im Wasser.

Der größte Teil der CO_2-Moleküle geht in die Wasserphase über (Abbildung 22).

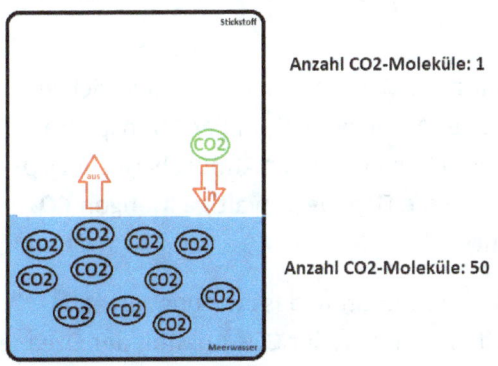

Abbildung 22: dynamisches Gleichgewicht

Es können aber auch CO_2-Moleküle aus dem Wasser wieder zurück in die Gasphase wechseln. Die CO_2-Moleküle verteilen sich zwischen der Wasserphase und der Gasphase. Nach einiger Zeit ist ein Zustand erreicht, in dem pro Zeiteinheit genauso viele CO_2-Moleküle aus der Gasphase in die Wasserphase übergehen wie umgekehrt. Diesen Zustand nennt man dynamisches Gleichgewicht. Im dynamischen Gleichgewicht wechseln die einzelnen Moleküle zwischen beiden Phasen hin und her. Die Gesamtmenge der in den einzelnen Phasen enthaltenen CO_2-Moleküle ändert sich aber nicht mehr. Wenn wir die Geschwindigkeit mit der die CO_2-Moleküle aus der Gasphase in die Wasserphase wechseln V(in) nennen und die Geschwindigkeit des Übergangs aus dem Wasser in die Gasphase V(aus) nennen, ergibt sich für das Verhältnis, in dem sich die CO_2-Moleküle zwischen beiden Phasen verteilen:

$$\frac{Anzahl\ CO2-Moleküle\ in\ der\ Gasphase}{Anzahl\ CO2-Moleküle\ in\ der\ Wasserphase} = \frac{V(aus)}{V(in)} \quad \text{(Gleichung 1)}$$

Unter den oben genannten Randbedingungen (Temperatur und Volumen ändern sich nicht) ist das Verhältnis V(aus)/V(in) eine Konstante (eine Zahl, die sich nicht ändert).

Wenn wir dieses Modell auf die Atmosphäre und die Ozeane übertragen ergibt sich:

$$\frac{Masse\ CO2\ in\ der\ Atmosphäre}{Masse\ CO2\ in\ den\ Ozeanen} = \frac{1}{50} \quad \text{(Gleichung 2)}$$

Mit anderen Worten, die Ozeane enthalten 50mal so viel CO_2 wie die Atmosphäre.

Dieses Verteilungsgleichgewicht bzw. Lösungsgleichgewicht hat eine interessante Folge. Wenn zusätzliches CO_2 in die Atmosphäre eingebracht wird, wird es sich im Verhältnis 1/50 zwischen Atmosphäre und Ozean verteilen. D.h. von 51kg CO_2 die zusätzlich in die Atmosphäre eingebracht werden, lösen sich 50kg in den Ozeanen (nur ca. 2% bleiben in der Atmosphäre). In den Ozeanen wird ein Teil des CO_2 von Lebewesen in Kalkschalen eingebaut, die dann im Laufe der Zeit die riesigen Kalk- und Marmorlagerstätten der Erde bilden. Es wird also nachhaltig aus der Atmosphäre entfernt.

Bei diesem Modell (Gedankenexperiment) gingen wir davon aus, dass sich die Temperatur nicht ändert. Diese Randbedingung ist in der realen Welt sicher nicht erfüllt. Wir wollen deshalb unser Modell erweitern und betrachten wie sich Temperaturänderungen der Ozeane auf die Verteilung von CO_2 zwischen Ozean und Atmosphäre auswirken.

Temperaturabhängigkeit des Lösungsgleichgewichtes

Die Löslichkeit von CO_2 in reinem Wasser ist stark temperaturabhängig. Während sich unter Normaldruck, dicht am Gefrierpunkt ca. 1,7Liter CO_2 in einem Liter Wasser lösen, löst sich bei 20°C mit ca. 0,9Liter CO_2 pro 1Liter Wasser nur noch etwa die Hälfte dieser Menge. In den Ozeanen wird die CO_2-Löslichkeit neben der Wassertemperatur auch durch die Alkalinität (ausführliche Information hierzu gibt es in der Wikipedia) und die biologische Aktivität beeinflusst. Wir liegen aber nicht falsch wenn wir die Annahme machen, dass es, wie beim reinen Wasser, vor allem die Wassertemperatur ist, die die Löslichkeit bestimmt.

Auf unser Modell angewendet heißt das: Nach einer Erhöhung der Wassertemperatur stellt sich ein neues Gleichgewicht ein. In diesem neuen Gleichgewicht ist der Anteil des CO_2 in der Atmosphäre höher ist als zuvor. D.h. in Gleichung 2 wird das Verhältnis zwischen CO_2 in der Atmosphäre zum CO_2 in den Ozeanen größer. **In Erwärmungsphasen setzen deshalb die Ozeane gewaltige Mengen CO_2 frei** (ähnliche wie bei einer Sprudelflasche, die man erwärmt).

Vor diesem Hintergrund sind die Ergebnisse von Murry Salby so zu deuten, dass wir uns zurzeit in einer Erwärmungsphase der Ozeane befinden. In dieser Aufheizphase ist der CO_2-Ausstoß der Ozeane so groß, dass auch eine dramatische Steigerung des menschlichen CO_2-Ausstoßes, in den Messungen der atmosphärischen CO_2-Konzentration, nicht mehr als Erhöhung der Anstiegsrate zu erkennen ist.

Wenn sich die Ozeane abkühlen, verschiebt sich das Gleichgewicht in die entgegengesetzte Richtung. Die Ozeane nehmen dann CO_2 aus der Atmosphäre auf, bis sich ein neues Gleichgewicht mit niedrigerer atmosphärischer CO_2-Konzentration eingestellt hat.

Dieses einfache Modell erklärt ganz zwanglos, auf der Grundlage gut verstandener Lehrbuchchemie und –Physik, warum wir die atmosphärische CO_2-Konzentration nicht messbar beeinflussen können.

Wie kann es dann sein, dass in den Leitmedien immer wieder davor gewarnt wird, dass wir durch unsere CO_2-Emissionen ein **"Run Away Global Warmig triggern "** (auslösen) könnten? Also das exakte Gegenteil von dem, was unser Modell vorhersagt.

Die Idee hinter diesem Weltuntergangsszenarium ist recht einfach. Es wird vermutet, dass wir folgenden verhängnisvollen Mechanismus in Gang setzen:

- Durch die Verbrennung fossiler Brennstoffe erhöhen wir die atmosphärische CO_2-Konzentration.
- Die höhere CO_2-Konzentration in der Atmosphäre verstärkt den Treibhauseffekt.
- Der verstärkte Treibhauseffekt führt zu einer Erwärmung der Atmosphäre.
- Durch diese Erwärmung werden die Ozeane wärmer.
- Die Erwärmung der Ozeane setzt in den Ozeanen gelöstes CO_2 frei.
- Das frei gesetzte CO_2 trägt zur weiteren Verstärkung des Treibauseffektes bei.
- Der verstärkte Treibhauseffekt …

Ein Kreislauf des Verderbens mit positiver Rückkopplung.

Bevor wir in Panik verfallen, sehen wir uns mal an, wie sich die Ozeane erwärmen können. Mir fallen dazu vier Mechanismen ein:

1. Die Sonne scheint ins Wasser der Ozeane. Die Energie des Sonnenlichtes wird absorbiert und in Wärme umgesetzt.
2. Wärme geht aus der warmen Atmosphäre in die kalten Ozeane über.
3. Am Grund der Ozeane wird Wasser durch vulkanische Aktivität aufgeheizt.
4. Durch Wasserbewegungen wird Reibungswärme freigesetzt.

Der Anteil, der Mechanismen 3. und 4. an der Erwärmung der Ozeane ist sehr schwer abschätzbar. Weil diese Vorgänge auch nicht im unmittelbaren Zusammenhang mit dem „Man Made Global Warming" stehen, will ich nicht näher auf diese Effekte eingehen.

Mechanismus 1. ist ganz sicher für einen sehr großen Anteil des Wärmeeintrags in die Ozeane verantwortlich. Besonders in den Tropen fällt das Licht sehr steil auf die Wasseroberfläche ein und es geht nur wenig Lichtenergie durch Reflexion verloren.

Mechanismus 2. wäre für ein „Run Away Global Warming" besonders kritisch. Wenn dieser Mechanismus merklich zur Erwärmung der Ozeane beitragen würde, könnte die oben beschriebene positive Rückkopplung tatsächlich in Gang kommen.

Um das Ausmaß des Wärmeeintrages in die Ozeane aus der (warmen) Atmosphäre abschätzen zu können führen wir eine Überschlagsrechnung durch.

Um die Rechnung einfach zu halten, gehen wir von folgender Situation aus. Ein Kubikmeter 20°C warmes Wasser und ein Kubikmeter 40°C warme Luft tauschen ihre Wärme miteinander aus. Der Kubikmeter Luft hat eine Wärmekapazität von ca. 1 kJ/K. Der Kubikmeter Wasser hat eine Wärmekapazität von ca. 4200 kJ/K. Wenn die Luft ihren Wärmeüberschuss an das Wasser abgegeben hat, hat sie sich auf ca. 20°C abgekühlt. Bei diesem Vorgang ist eine Wärmemenge von ca. 20 KJ aus der Luft ins Wasser geflossen. Das Wasser hat sich dabei um etwas weniger als 0,005°C erwärmt. Wieviel Zeit dieser Wärmeaustausch in Anspruch nimmt hängt von vielen Einflüssen ab. Man kann aber davon ausgehen, dass es lange dauert.

Wenn der Kubikmeter Wasser in einem offenen Becken mit den Abmessungen 1m x 1m x 1m in der prallen Mittagssonne steht, wird diese Wärmemenge in weniger als einer halben Minute eingestrahlt (Solarkonstante: 1367w/m²).

Entwarnung: **Der Wärmeeintrag in die Ozeane über die Luft ist im Vergleich zum Wärmeeintrag durch Sonneneinstrahlung vernachlässigbar klein.**

Ein „Run Away Global Warming" sollte also nicht zu befürchten sein.

Diese beruhigende Aussage wird auch durch CO_2- und Temperaturdaten, die man aus Eisbohrkernen gewonnen hat bestätigt.

Ursache/Wirkungsbeziehung zwischen dem Gang der Temperatur und der atmosphärischen CO_2-Konzentration

In der folgenden Graphik von Anthony Watts (Blog, April 4, 2012, Abbildung 23) ist der Gang der Temperatur und der CO_2-Konzentration über die letzten 800 000Jahre dargestellt. Die Daten für diese Klimadatenrekonstruktion wurden aus Eisbohrkernen gewonnen. Wie aus Eisbohrkernen historische Temperaturdaten rekonstruiert werden, werde ich im nächsten Kapitel erklären.

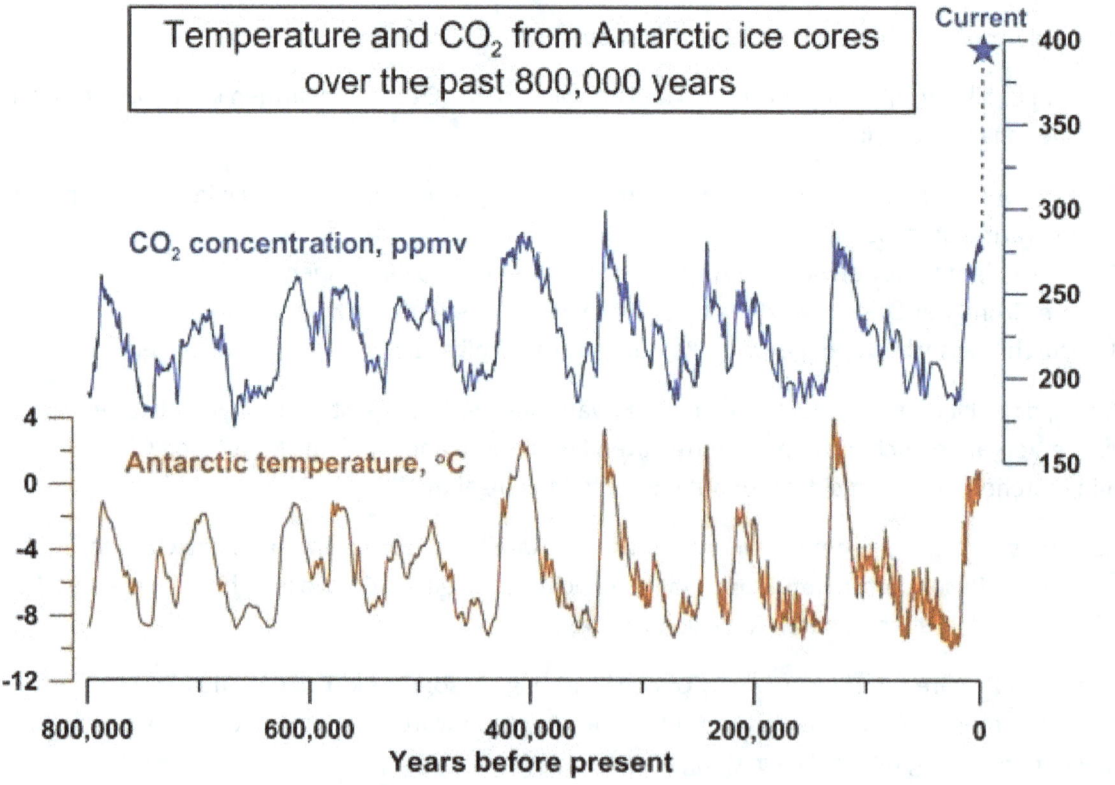

Abbildung 23: Quelle: Anthony Watts

Man sieht sehr schön, dass Temperatur und CO_2-Konzentration immer den gleichen Gang haben (korrelieren). Außerdem ist nirgends ein „run away global warming" zu erkennen. Das passt also recht schön zu unserem Modell.

In obigem Graph fällt aber auch auf, dass die in den Eisbohrkernen ermittelten CO_2-Konzentrationen immer deutlich tiefer sind als die heutzutage in der Atmosphäre gemessenen 400ppmv. Auf diese Eigenschaft der Eisbohrkerndaten sind wir schon eingegangen.

Aber jetzt wird es interessant. Die Klimaalarmisten behaupten, der Anstieg der CO_2-Konzentration verursacht den Anstieg der Temperatur. Wenn das stimmt, muss die CO_2-Konzentration zeitlich etwas früher ansteigen als die Temperatur, weil die Ursache zeitlich immer vor der Wirkung liegen muss.

Wenn die Leugner Recht haben, muss es gerade umgekehrt sein. D.h. zuerst muss die Temperatur ansteigen, die Ozeane wärmer werden und dann erst, mit einer gewissen Verzögerung (das dauert einige Zeit, weil die Ozeane recht groß sind), muss der Anstieg der CO_2-Konzentration folgen.

Um das zu beurteilen, braucht man zeitlich etwas besser aufgelöste Daten. Zur Veranschaulichung benutze ich hier eine graphische Darstellung von Eisbohrkerndaten (Abbildung 24, Quelle: Piers Corbyn, seine Web-Seite weahtheraction.com ist sehr zu empfehlen. Er ist der Bruder des vormaligen Labourchefs Jeremy Corbyn). **Man sieht hier sehr deutlich, dass zuerst die Temperatur ansteigt und dann erst mit deutlicher Verzögerung die CO_2-Konzentration. D.h. der Anstieg der CO_2-Konzentration kann unmöglich die Ursache des Temperaturanstieges gewesen sein, der ca. 800Jahre früher stattfand.** Die „man made global warming-hypothesis" ist damit widerlegt.

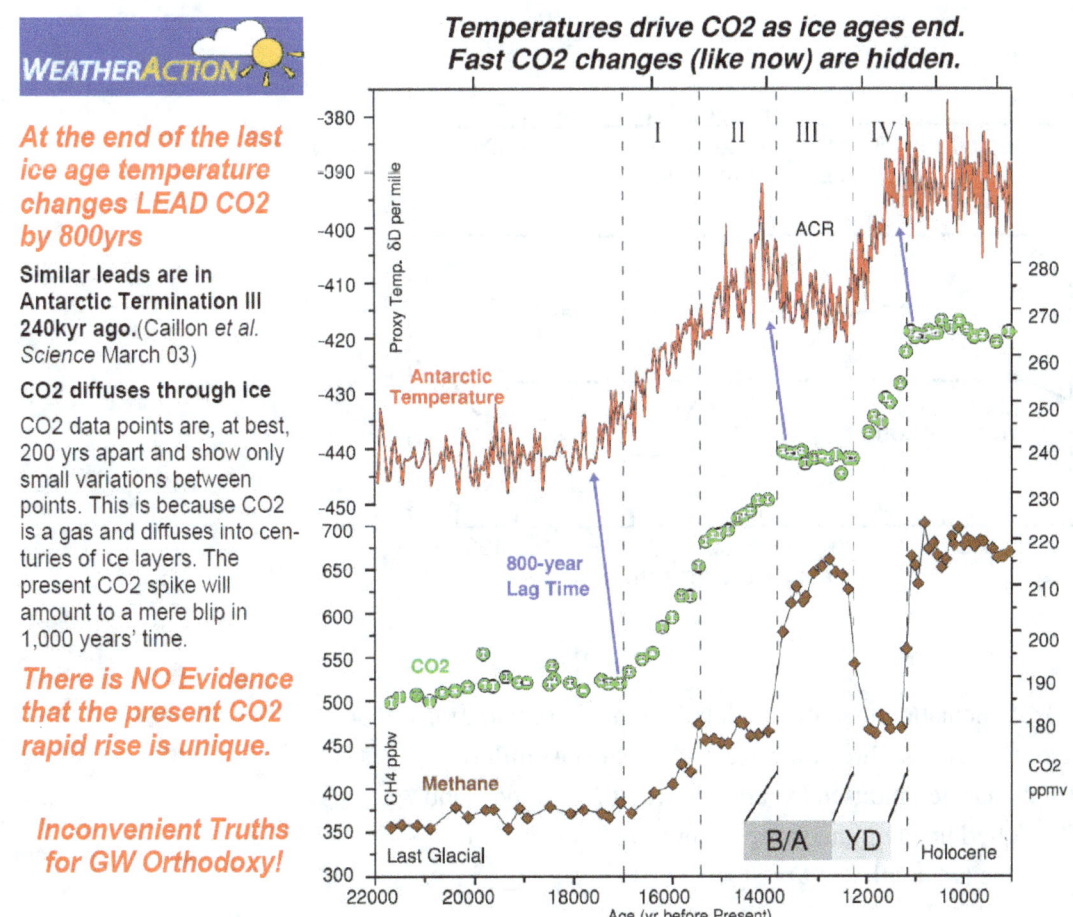

Abbildung 24: Quelle: Piers Corbyn, http://weatheraction.com/

Wenn dieses, in den Eisdaten zu beobachtende Muster, eine gewisse Regelhaftigkeit hat, sollte auch der CO_2-Anstieg unserer Gegenwart die Folge einer Klimaerwärmung sein, die vor ca. 800Jahren stattgefunden haben muss.

Der IPCC-Report 1990 gibt Auskunft über die Warmperiode (Abbildung 25), die vermutlich für den heutigen CO_2-Anstieg verantwortlich ist. Es ist die viel diskutierte mittelalterliche Warmzeit, die, wenn man dem IPPC-Report 1990 glauben darf, sogar wärmer war als unsere heutige Warmperiode.

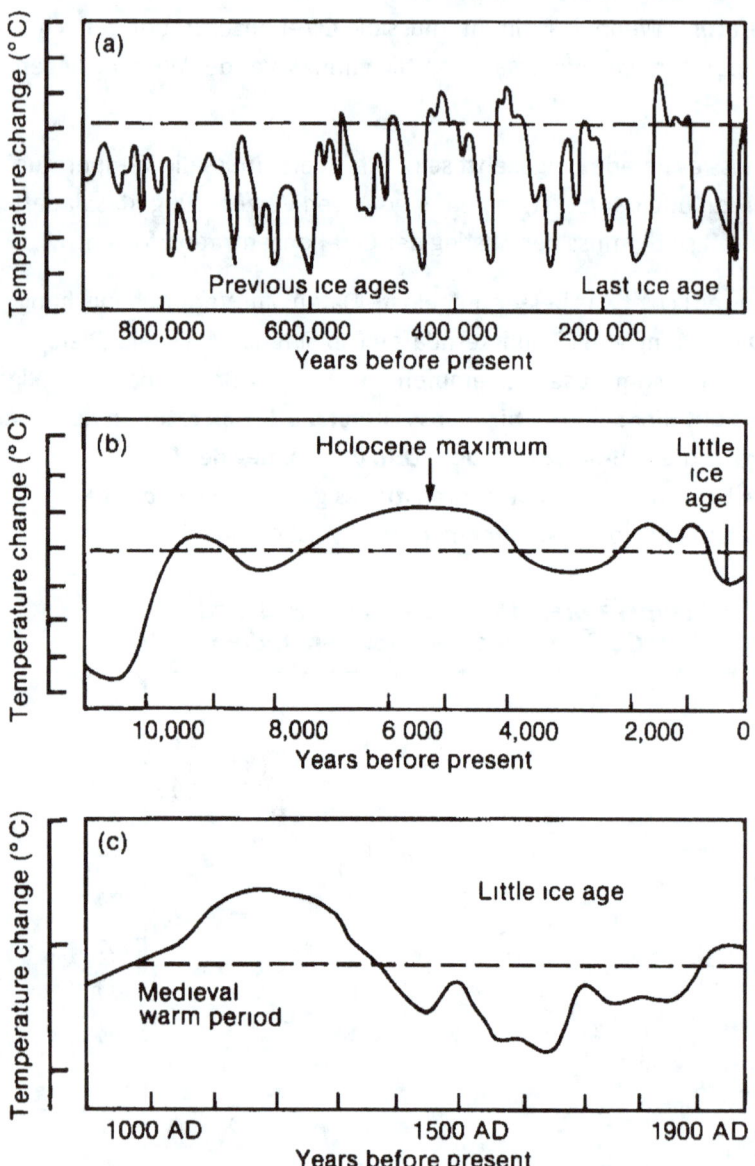

Figure 7.1: Schematic diagrams of global temperature variations since the Pleistocene on three time scales (a) the last million years (b) the last ten thousand years and (c) the last thousand years The dotted line nominally represents conditions near the beginning of the twentieth century

Abbildung 25: IPPC-Report 1990 Seite 202, mittelalterliche Warmperiode,
https://www.ipcc.ch/site/assets/uploads/2018/03/ipcc_far_wg_I_full_report.pdf

Das erstaunliche Ergebnis von Murry Salbys Berechnung fügt sich damit zwanglos in die aus den Eisbohrkernen ermittelten Klimadaten ein.

Es ist aber immer noch zu klären, wie die ca. 800Jahre Verzögerung zwischen Erwärmung und CO_2-Anstieg zustande kommen. Hierzu will ich einen Erklärungsversuch von Piers Corbyn vorstellen. Wenn Piers Recht hat, sind Meeresströmungen des Rätsels Lösung.

In der mittelalterlichen Warmperiode schmelzen die Gletscher deutlich schneller als zuvor. Wie schon erwähnt, kann kaltes Wasser sehr große Mengen CO_2 lösen. Dadurch trägt das Schmelzwasser der Gletscher große Mengen CO_2 ins Nordmeer ein. Dort sinkt das Schmelzwasser ab und fließt tief unter der Meeresoberfläche nach Süden ab (Abbildung 26).

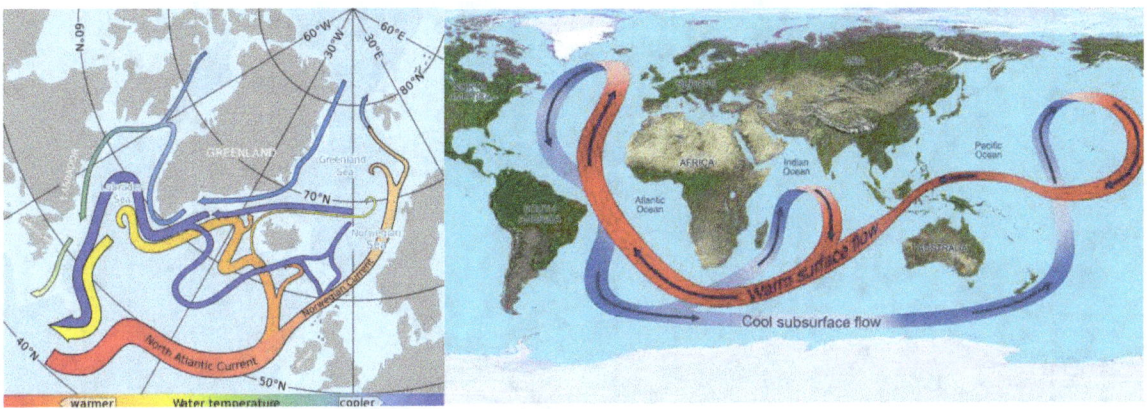

Abbildung 26: Quelle: Piers Corbyn, http://weatheraction.com/

In der Tiefe des Ozeans kann es wegen des hohen Drucks und der tiefen Temperatur kein CO_2 abgeben. Erst wenn es ca. 800Jahre später im Indischen Ozean wieder an die Oberfläche kommt, erwärmt es sich wieder und gibt überschüssiges CO_2 ab. Und das messen wir heute.

Kurze Zusammenfassung der Ergebnisse

Sehen wir uns nochmal die beiden wichtigsten Randbedingungen der Hypothese der durch den Menschen verursachten Erderwärmung an.

1. Der seit Beginn der industriellen Revolution beobachtete stetige Anstieg des CO_2-Gehalts in der Atmosphäre ist dadurch verursacht, dass der Mensch fossile Brennstoffe verbrennt.
2. Es gibt einen atmosphärischen Treibhauseffekt. Der Anstieg der CO_2-Konzentration in der Atmosphäre verstärkt den atmosphärischen Treibhauseffekt und führt so zu einer (gefährlichen) Erwärmung der Erde.

Die erste Randbedingung haben wir nur gründlich geprüft. Das Ergebnis ist eindeutig.

- Menschliche CO_2-Emissionen haben keinen messbaren Einfluss auf den Anstieg der CO_2-Konzentration in der Erdatmosphäre.
- Temperaturänderungen (vor allem der Meere) bestimmen den Gang der atmosphärischen CO_2-Konzentration (nicht umgekehrt).
- Solide Messungen über den Zeitraum der letzten 200Jahre zeigen, dass die vom IPCC vorgelegten Daten zum Gang der Konzentration des atmosphärischen CO_2s falsch sind und dass schon zu Beginn der Industrialisierung Werte gemessen wurden, die heutige Werte sogar überstiegen. Diese hohen CO_2-Gehalte können nicht durch die, damals noch in ihren Anfängen steckende, Industrialisierung verursacht worden sein.

- Auch die Rekonstruktion atmosphärischer CO_2-Konzentrationen über die Stomatadichte fossiler Pflanzen weist darauf hin, dass der „vorindustrielle" Wert von unter 280ppmV falsch sein muss.

Wir haben gezeigt, dass die erste Randbedingung nicht erfüllt ist, und dass die „Man Made Global Warming Hypothesis" absolut zweifelsfrei falsch sein muss.

Die folgende Graphik von Tony Heller veranschaulicht nochmal sehr deutlich, wie sich politische Entscheidungen auf die atmosphärische CO_2-Konzentration auswirken.

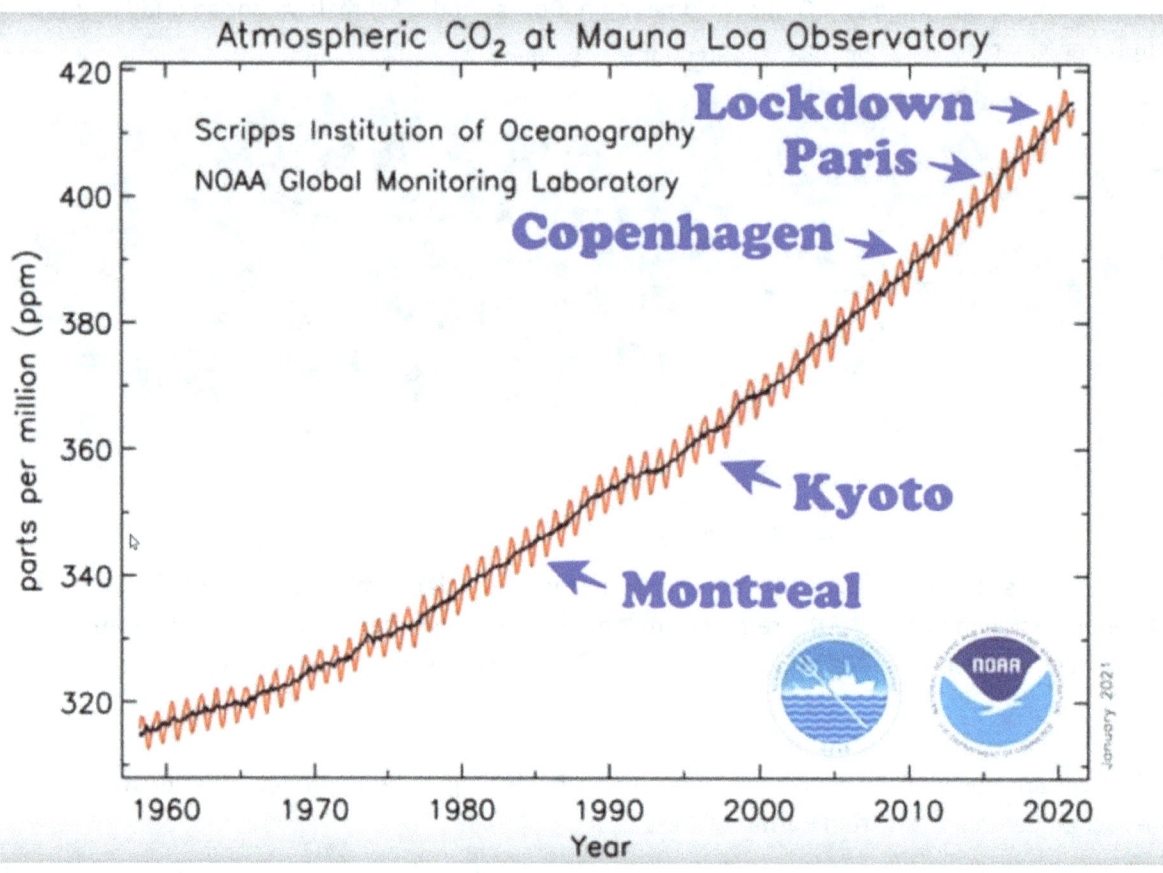

Abbildung 27: Quelle: Tony Heller https://www.youtube.com/watch?v=OCTwukaXDgw&feature=push-u-sub&attr_tag=C6hi4B-VdM0IeKbl%3A6

Rekonstruktion von historischen Atmosphärentemperaturen über Isotopenverhältnisse

Bevor ich die zweite Säule der „Man Made Global Warming Hypothesis", den atmosphärischen Treibhauseffekt, überprüfe, will ich noch kurz auf die Rekonstruktion historischer Klimadaten eingehen.

Zur Rekonstruktion von Klimadaten verwendet man sogenannte **Proxys**. Das sind Daten die aus historischen Ablagerungen ermittelt werden und Aussagen über Klimafaktoren zur Zeit ihrer Ablagerung zulassen.

Als Proxy für historische Atmosphärentemperaturen werden meist Isotopenverhältnisse in Gletschereis oder Meeressedimenten verwendet.

Normales Wasser (H_2O) enthält einen kleinen Anteil an Wassermolekülen, die schwerer sind als die meisten anderen Wassermoleküle. Das kommt daher, dass diese Wassermoleküle Wasserstoffatome enthalten, die zusätzlich ein Neutron enthalten. Oder dass sie Sauerstoffatome mit zwei zusätzlichen Neutronen enthalten. Diese zusätzlichen Neutronen haben praktisch keinen Einfluss auf die (chemischen) Eigenschaften des Wassers. Die schwereren Wassermoleküle unterscheiden sich dadurch von normalen Wassermolekülen, dass sie etwas langsamer verdunsten und etwas schneller kondensieren als die leichten Wassermoleküle.

Wasserstoff enthält etwa 0,02% der schwereren Version (wenn man sich nicht blamieren will, sagt man Isotop statt Version).

Beim Sauerstoff ist der Anteil des schwereren Isotops ca. 0,2%.

Wenn man sich Literatur zu diesem Thema ansehen will, sollte man folgende Schreibweisen kennen.

Normalen Wasserstoff schreibt man als ^1H. Die hochgestellte 1 besagt, dass dieses Wasserstoffatom eine atomare Masseneinheit schwer ist. Die schwere Version des Wasserstoffs schreibt man als ^2H. Die hochgestellte 2 gibt an, dass dieses Atom zwei atomare Masseneinheiten schwer ist. Weil ^2H oft benutzt wird, kürzt an es auch oft mit D ab und nennt es Deuterium.

Beim Sauerstoff ist die „normale" Version 16 atomare Masseneinheiten (Einheit: u) schwer. Als Formel schreibt man diese Sauerstoffsorte deshalb ^{16}O. Die schwere Version ist um 2u schwerer. Entsprechend schreibt man das ^{18}O.

Im Wasserkreislauf (den kennt man noch aus dem Erdkundeunterricht) verdunstet Wasser aus den Ozeanen. Von Luftströmungen wird es dann übers Land transportiert, wo es als Niederschlag wieder runterkommt und zurück ins Meer fließt. In den Polarregionen fließt es nicht als Fluss zurück ins Meer sondern als Gletscher.

Was passiert mit dem schwereren Wasser im Wasserkreislauf? Weil das schwere Wasser ein wenig langsamer verdunstet als das normale Wasser enthält der Wasserdampf, der aus dem Meer aufsteigt, etwas weniger schweres Wasser als das Wasser, das im Meer zurückbleibt. Auf dem Weg zum Land bzw. übers Land kondensiert immer wieder ein Teil des Wasserdampfes, bildet Wolken und fällt als Niederschlag zur Erde (und fließt zurück ins Meer). Weil schweres Wasser schneller kondensiert als normales Wasser, verliert der Wasserdampf bei jedem dieser Niederschlagsereignisse anteilmäßig mehr schweres als leichtes Wasser. Wenn der Wasserdampf von kalten Luftmassen transportiert wird, wird das schwere Wasser gründlicher aus dem Dampf entfernt, als in warmen Luftmassen. Diesen Vorgang, die Abtrennung eines Bestandteils des Dampfes durch Verdampfen und Kondensieren, nennt man Fraktionierung (wie beim Schnapsbrennen).

In Perioden kalten Klimas geht so auf dem Weg von den Ozeanen zu den Gletschern ein höherer Anteil von schwerem Wasser verloren als in Zeiten warmen Klimas. Im Gletschereis, das in kalten Perioden abgelagert wurde, ist deshalb der Anteil schweren Wassers kleiner als in dem Eis, das in Warmzeiten abgelagert wurde.

Mittels Massenspektroskopie kann man die Isotopenverhältnisse von $^2H/^1H$ bzw. $^{18}O/^{16}O$ in Eisproben bestimmen. Nach einer geeigneten Kalibrierung kann man diese Verhältnisse in Temperaturen umrechnen. Oft gibt man statt der Temperaturen auch nur die $^2H/^1H$- bzw. $^{18}O/^{16}O$-Isotopenverhältnisse der untersuchten Proben an. Das schreibt man dann so „proxy Temp. δD per mile" bzw. „proxy Temp. $δ^{18}O$ per mile" (siehe Abbildung 21).

$^{18}O/^{16}O$-Isotopenverhältnis in Meeressedimenten als Proxy für den Vereisungsgrad der Erde.
Aus dem zuvor Gesagten geht hervor, dass vor allem während Kaltzeiten schweres Wasser vollständiger aus dem in der Luft enthaltenen Wasserdampf ausregnet/schneit. Das schwere Wasser fließt zurück ins Meer, während das leichte Wasser als Schnee auf die Gletscher fällt. In Eiszeiten

werden sehr große Mengen des aus den Ozeanen verdampften Wassers auf Gletschern abgelagert. Dadurch wird die Wassermenge in den Ozeanen deutlich kleiner und der Meeresspiegel fällt (in der letzten Eiszeit um über 100m). Während Eiszeiten steigt deshalb der Anteil des schweren Wassers in den Ozeanen. Meeresbewohner, die Kalkschalen bilden, bauen deshalb während Eiszeiten mehr schweren Sauerstoff (aus schwerem Wasser) in ihre Kalkschalen ein. Nach dem Tod dieser Organismen bilden die Kalkschalen Ablagerungen (Sedimente). In Bohrkernen dieser Ablagerungen kann man dann das Sauerstoffisotopenverhältnis und das Alter der Ablagerung bestimmen. Ein hohes $^{18}O/^{16}O$-Verhältnis in ozeanischen Sedimenten deutet darauf hin, dass die untersuchten Sedimente während einer Zeit abgelagert wurden, in der ein großer Teil des (leichten) Wassers in Gletschern gebunden war. Die aus den ozeanischen Sedimenten ermittelten Vereisungsgrade der Erde passen zeitlich sehr gut zu den aus den aus den Gletscherbohrungen ermittelten δD- und $\delta^{18}O$-Temperaturproxys.

Falsifizierung des Treibhauseffektes

Der Treibhauseffekt ist das Ursakrament der modernen Klimawissenschaft. Er wird vom Kindergarten bis ins Altenheim gepredigt. Der schlichte Namen dieses Effektes und seine Allgegenwärtigkeit in unseren Leitmedien lassen bei Laien keine Zweifel daran aufkommen, dass es sich hier um solide und vollständig verstandene Naturwissenschaft handelt.

Wie funktioniert dieser Effekt? Wie wird dieser Effekt von physikalischen Grundprinzipien hergeleitet? Wie kann man den Effekt messen?

Diese einfachen Fragen sollten klar und einfach zu beantworten sein.

Ich muss den Leser enttäuschen. Der atmosphärische Treibhauseffekt ist und bleibt ein Mysterium.

Die **deutsche meteorologische Gesellschaft** (1995) eröffnet eine Stellungnahme in der sie, unter Berufung auf die Argumentation des IPCCs, der Öffentlichkeit versichert, dass es den Treibhauseffekt wirklich gibt, mit dem Satz: „**Es ist unstrittig, daß der anthropogene Treibhauseffekt noch nicht unzweifelhaft nachgewiesen werden konnte**" (https://idw-online.de/de/news14359).

Das ist erstaunlich. Ein mit vielen Steuergeldmilliarden gesponserter Wissenschaftszweig ist nicht in der Lage seine Grundprämisse auf grundlegende physikalische Prinzipien zurückzuführen oder gar zu messen. Mit dieser Einleitung halten sich die Herren Professoren die Hintertür offen. Sie wollen das akademische Recht „irren zu dürfen" beanspruchen, falls der Betrug aufgedeckt wird.

In der Klimawissenschaft gibt es eine Vielzahl von Erklärungen für den atmosphärischen Treibhauseffekt, die sich teilweise auch widersprechen. Eine gute Übersicht über diese Erklärungsversuche findet man in **"Falsifcation Of The Atmospheric CO2 Greenhouse Effects Within The Frame Of Physics" Version 4.0 (January 6, 2009) Prof. Dr. Gerhard Gerlich, Dr. Ralf D. Tscheuschner** https://de.scribd.com/document/337186171/Falsification-of-the-Atmospheric-CO2-Greenhouse-Effects-Within-the-Frame-of-Physics).

Der Umstand, dass der atmosphärische Treibhauseffekt nirgendwo „ordentlich" erklärt wird und dass keine Messvorschrift für den Effekt existiert, hält die moderne Klimawissenschaft nicht davon ab, uns mitzuteilen, dass der atmosphärische Treibhauseffekt unsere Welt um 33°C erwärmt.

Wenn wir wissen wollen, was am atmosphärischen Treibhauseffekt dran ist, bleibt uns nichts anderes übrig, als uns anzusehen wie der IPCC zu den vielzitierten 33°C Treibhauseffekt kommt.

Bevor wir Laien in der Lage sind diese „Spitzenleistung" moderner Klimawissenschaft verstehen zu können, müssen wir noch ein paar grundlegende Konzepte der Wärmelehre (Thermodynamik) besprechen (absolute Temperatur, Hauptsätze der Thermodynamik, Wärmeleitung, Stefan-Boltzmann-Gesetz, …).

Lesern, die mit diesen Dingen vertraut sind, empfehle ich das folgende Kapitel zu überspringen und die Lektüre mit Kapitel „Stefan-Boltzmann-Gesetz" fortzusetzen.

Vorab ein paar Grundbegriffe der Wärmelehre (Thermodynamik)

Absolute Temperatur

Fangen wir mit der absoluten Temperatur an. Zu Beginn der systematischen Untersuchung der Eigenschaften von Gasen hat man sich angesehen, wie sich Gasvolumen bei gleichbleibenden Umgebungsdruck ändern, wenn man die Temperatur des Gases verändert (Robert Boyl 1665).

In der Praxis kann man das so machen, dass man in einer Spritze (mit sehr leichtgängigem Kolben) ein Gasvolumen (das kann ganz normale Luft sein) einschließt. Dann ändert man die Temperatur der Spritze und des Gases in ihr. Das Volumen des Gases kann an der Skala der Spritze abgelesen werden. Man kann so das Gasvolumen in Abhängigkeit von der Temperatur messen. Diesen Versuch wiederholt man mit verschieden großen Gasmengen.

Wenn man die Versuchsergebnisse in ein Koordinatensystem einträgt (Abbildung 28, Temperatur auf die waagerechte Achse, Volumen auf die senkrechte Achse), erkennt man, dass für jedes Probevolumen die Messwerte auf einer Geraden liegen. Das interessante an diesen Geraden ist, dass sie sich alle in einem Punkt auf der (waagerechten) Temperaturachse schneiden. Der Schnittpunkt liegt bei ca. T = -273°C.

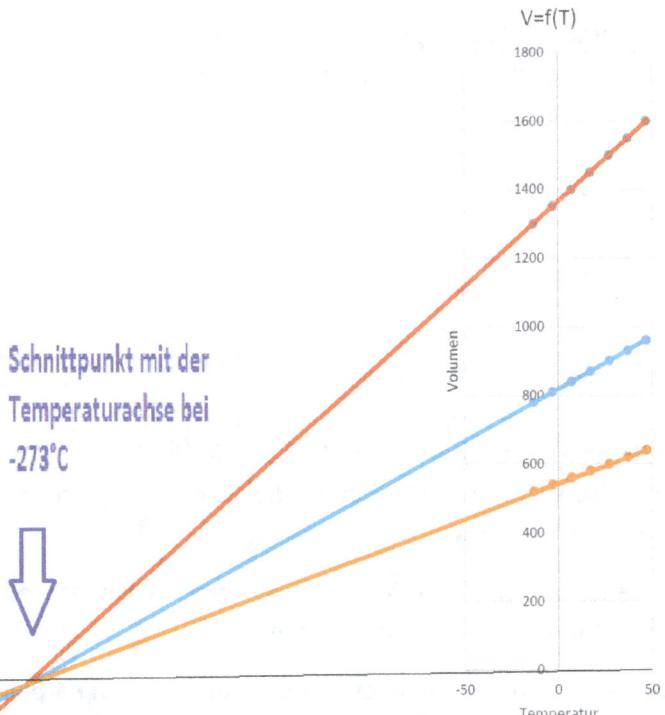

Abbildung 28: Gasvolumen als Funktion der Temperatur

Dieses Ergebnis wird verständlich, wenn man sich nochmal vergegenwärtigt, wie wir zuvor ein Gas beschrieben haben. Bei hohen Temperaturen fliegen die Gasteilchen sehr schnell umher und beanspruchen viel Platz. Die Teilchen haben bei hohen Temperaturen eine hohe Bewegungsenergie. Wenn man das Gas abkühlt, werden die Gasteilchen langsamer (verlieren Bewegungsenergie) und brauchen weniger Platz (Gasvolumen wird kleiner). Bei weiterem Abkühlen werden die Teilchen irgendwann so langsam, dass sie sich fast nicht mehr bewegen. Das Volumen des Gases wird bei dieser Temperatur sehr klein (praktisch null). Weil sich die Gasteilchen bei dieser Temperatur nicht mehr bewegen, kann man es nicht mehr weiter abkühlen. Diesen Punkt (-273,15°C) hat man als Nullpunkt der absoluten Temperaturskala festgelegt. Als Formelzeichen für die absolute Temperatur verwendet man ein großes T. Die Einheit der absoluten Temperatur ist Kelvin [K]. Ein Grad Celsius und ein Grad Kelvin sind vom Betrag her gleich. Die Umrechnung von Celsiustemperaturen in Grad Kelvin ist daher einfach.

Temperatur [K] = Temperatur [°C] + 273,15

Beispiele: 0°C in Kelvin umrechnen: Temperatur [K] = 0 [°C] + 273,15 = 273,15K

-100°C entspricht 173,15K

Die Temperatur eines Stoffes ist ein Maß für die Bewegungsenergie der Teilchen, aus welchen der Stoff besteht. Bei der Temperatur T = 0K (-273,15°C) bewegen sich die Teilchen praktisch nicht mehr.

Hauptsätze der Thermodynamik (Wärmelehre)

Wie der Name „Hauptsatz" vermuten lässt, bilden diese Sätze die wichtigste Grundlage der Wärmelehre. Die Entwicklung dieser Theorien ging im 19ten Jahrhundert mit der Industrialisierung einher. Erst dieses grundlegende Verständnis von Energie, Wärme und ihre Umwandlung in nützliche Arbeit, ermöglichte die Entwicklung unserer modernen Welt. Die Hauptsätze sind wissenschaftliche Theorien, die nur so lange gelten, bis sie widerlegt werden. Ich würde sie aber trotzdem in die Rubrik der „Ewigen Wahrheiten" einsortieren. Die Hauptsätze der Thermodynamik sind wahrscheinlich die robustesten Theorien, die die Welt bisher gesehen hat.

0. Hauptsatz: Beschreibt das thermisches Gleichgewicht. Er besagt, dass Gegenstände, die miteinander im thermischen Gleichgewicht stehen, die gleiche Temperatur haben.

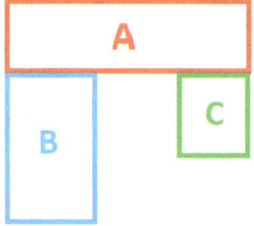

Abbildung 29:

D.h. im thermischen Gleichgewicht haben die Gegenstände A und B und A und C die gleiche Temperatur (Abbildung 28). Deshalb müssen auch die Gegenstände B und C die gleiche Temperatur haben.

1. Hauptsatz: Energieerhaltung im abgeschlossenen System. Er besagt, dass in einem System, das mit der Umgebung keine Energie austauscht, die Gesamtenergie gleich bleiben muss.

2. Hauptsatz: <u>Wärme</u> kann nicht *von selbst* von einem Körper niedriger Temperatur auf einen Körper höherer Temperatur übergehen.

3. Hauptsatz: Nicht Erreichbarkeit des absoluten Nullpunkts (ist in diesem Zusammenhang nicht so wichtig).

Wärmeleitung:

Wärme fließt immer von Gegenständen mit höherer Temperatur zu Gegenständen mit niedrigerer Temperatur (2. Hauptsatz). Dabei geht keine Wärme verloren (1. Hauptsatz). Der Wärmefluss kommt zum Stillstand, wenn alle beteiligten Gegenstände die gleiche Temperatur haben (0. Hauptsatz, Thermisches Gleichgewicht).

Es gibt verschiedene Mechanismen der Wärmeleitung, über die man sich in Lehrbüchern oder in der Wikipedia informieren kann. Für unser Thema sind besonders die Wärmeleitung in Gasen (Diffusion und Konvektion) sowie die Wärmeleitung durch Wärmestrahlung interessant.

Wärmeleitung durch Diffusion: Zum Verständnis dieses Vorgangs benutzen wir wieder unser „Gasmodell". Wir stellen uns ein Gas vor, das in einem Behälter eingeschlossen ist. Wenn der Behälter und das Gas dieselbe Temperatur haben, übertragen die Gasteilchen, wenn sie auf die Wand stoßen, so viel Bewegungsenergie auf die Wand wie sie umgekehrt von den in der Wand schwingenden Teilchen der Behälterwand aufnehmen (thermisches Gleichgewicht). Wenn man nun eine Stelle der Behälterwand erwärmt, schwingen die Teilchen der Wand an dieser Stelle stärker (haben mehr Bewegungsenergie). Wenn diese Stelle der Wand von Gasteilchen getroffen wird, wird ein Teil der nun höheren Bewegungsenergie der Wandteilchen auf die Gasteilchen übertragen. Nach dem Stoß mit dem heißen Bereich der Wand haben die Gasteilchen mehr Bewegungsenergie als vor dem Stoß. Diese zusätzliche Bewegungsenergie können sie dann bei Stößen mit anderen Gasteilchen weitergeben. Durch diesen Vorgang wird Wärmeenergie von der Wand ins Innere des Gases transportiert. Gase, deren Teilchen sich besonders schnell bewegen, leiten deshalb auch Wärme besonders gut (Z.B. Wasserstoff).

Wärmeleitung durch Konvektion: Zum Verständnis der Konvektion bleiben wir bei der gleichen Modellvorstellung. Der einzige Unterschied, wir machen den Behälter größer und erwärmen einen etwas großflächigeren Teil der Wand (Abbildung 30). In der Nähe des erwärmten Wandbereichs bildet sich durch den oben beschriebenen Mechanismus ein Bereich aus, in dem das Gas wärmer ist als im Rest des Behälters. In diesem Bereich bewegen sich die Gasteilchen schneller und beanspruchen mehr Platz. Dadurch enthält das Gasvolumen in der Nähe der warmen Wandfläche weniger Gasteilchen als ein gleichgroßes Gasvolumen mit niedrigerer Temperatur. Das warme Gasvolumen ist deshalb leichter als ein entsprechendes Volumen in größerem Abstand zu der warmen Wandstelle. Das erwärmte Gasvolumen an der erwärmten Wandstelle steigt deshalb auf und wird durch kälteres Gas aus der Umgebung ersetzt. Dieses neue Volumen wird auch erwärmt und beginnt aufzusteigen. Auf diese Weise springt in dem Behälter eine sog. Konvektionsströmung an.

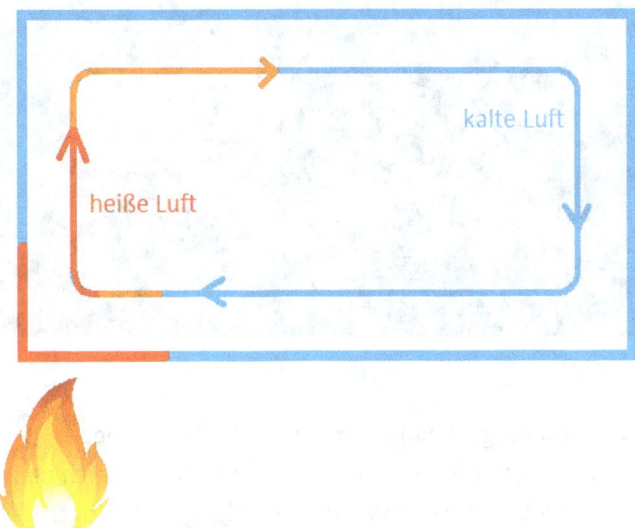

Abbildung 30: Konvektion

Solche Konvektionsströmungen bilden sich auch in der Landschaft aus, wenn die Sonne das Gelände ungleichmäßig erwärmt (Abbildung 31).

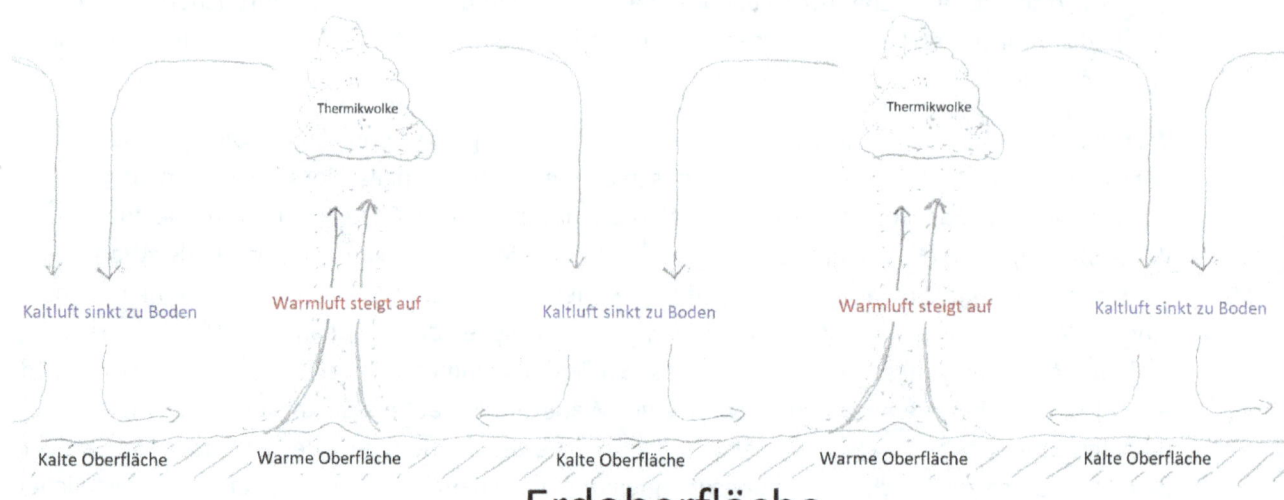

Abbildung 31: Konvektionsströmungen in der Landschaft

Konvektion transportiert sehr schnell sehr große Wärmemengen von der Erdoberfläche in höhere Luftschichten. Diese Konvektionsströmungen sind so stark, dass sie von Vögeln und Segelflugzeugen genutzt werden können. Der aufsteigende Teil der Konvektionsströmung (Thermik) kann dabei Steiggeschwindigkeiten von weit über 100km/h erreichen (in Gewittern). Im oberen Bereich der aufsteigenden Konvektionsströmungen (Thermik) bilden sich oft Wolken (Abbildung 32).

Abbildung 32: Thermikwolken

Wärmeleitung durch Wärmestrahlung: Wärmestrahlung ist elektromagnetische Strahlung. Einzelheiten dazu kann man in Lehrbüchern oder in der Wikipedia nachlesen. Deshalb will ich hier nur soweit auf dieses Thema eingehen, wie es zu Verständnis der Wärmestrahlung unbedingt notwendig ist.

Elektromagnetische Strahlung lässt sich recht gut am Beispiel einer Stabantenne erklären.

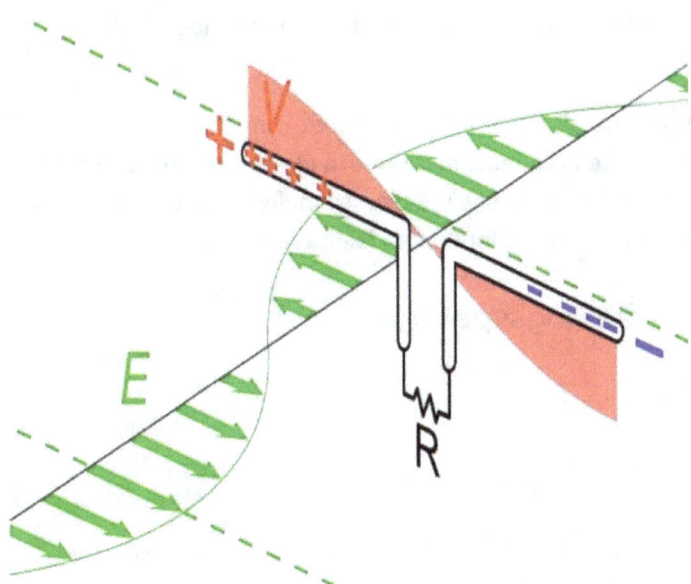

Abbildung 33: Antenne, Quelle: Wikipedia (die schwarze Gerade die von links unten nach rechts oben durchs Bild läuft soll die Zeitachse sein). Eine sehr anschauliche Animation findet man unter diesem Link:
https://de.wikipedia.org/wiki/Antenne#/media/Datei:Dipole_receiving_antenna_animation_6_800x394x150ms.gif

In einer Stabantenne werden elektrische Ladungen periodisch hin und her verschoben. Dadurch erhält man ein sich periodisch änderndes elektrisches Feld (E). Die Änderung des E-Feldes induziert ein Magnetfeld (B), das senkrecht zum E-Feld steht (siehe Abbildung 34). Die Antenne strahlt deshalb eine elektromagnetische Welle ab. Die Frequenz dieser Welle hängt davon ab, wie schnell die elektrischen Ladungen in der Stabantenne hin und her verschoben werden. Die Energie der Welle ist im elektrischen und magnetischen Feld der Welle gespeichert. Elektromagnetische Wellen bewegen sich mit Lichtgeschwindigkeit durch den Raum.

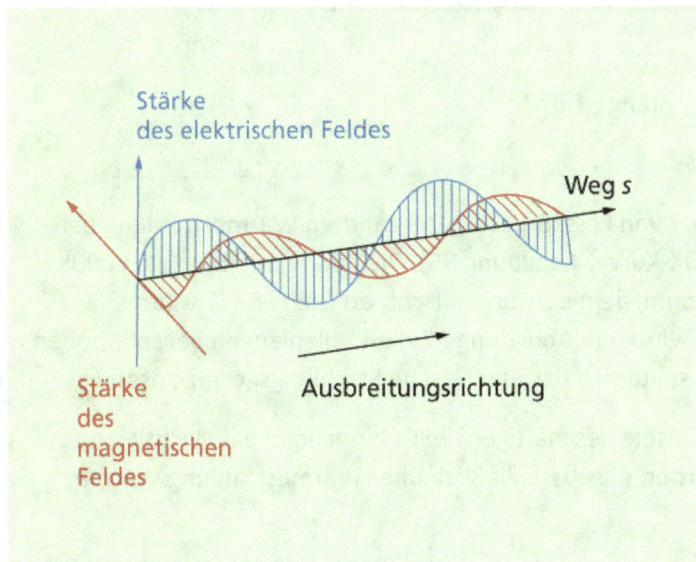

Abbildung 34: Quelle: https://www.lernhelfer.de/

Wenn diese elektromagnetische Welle auf eine Antenne trifft, die ähnliche Eigenschaften hat wie die Antenne, von der sie ausgesendet wurde, kann sie in dieser Antenne Ladungen hin und her verschieben und so ihre Energie auf die Empfangsantenne übertragen.

Feststoffe bestehen aus geladenen Teilchen. Diese Teilchen schwingen an ihrem Platz hin und her. Ähnlich wie bei der Antenne erzeugt dieses Hin-und-Herschwingen geladener Teilchen sich zeitlich ändernde elektrische Felder. Jedes im Feststoff schwingende geladene Teilchen sendet deshalb elektromagnetische Strahlung aus.

Jedes Teilchen im Feststoff schwingt etwas anders als die Teilchen in seiner Umgebung. Der Feststoff sendet deshalb nicht wie die Antenne eine scharfe Frequenz aus sondern ein ganzes Spektrum von Frequenzen. Wenn der Feststoff wärmer wird, schwingen die Teilchen schneller und das Spektrum verschiebt sich zu höheren Frequenzen bzw. kürzeren Wellenlängen (siehe Abbildung 35).

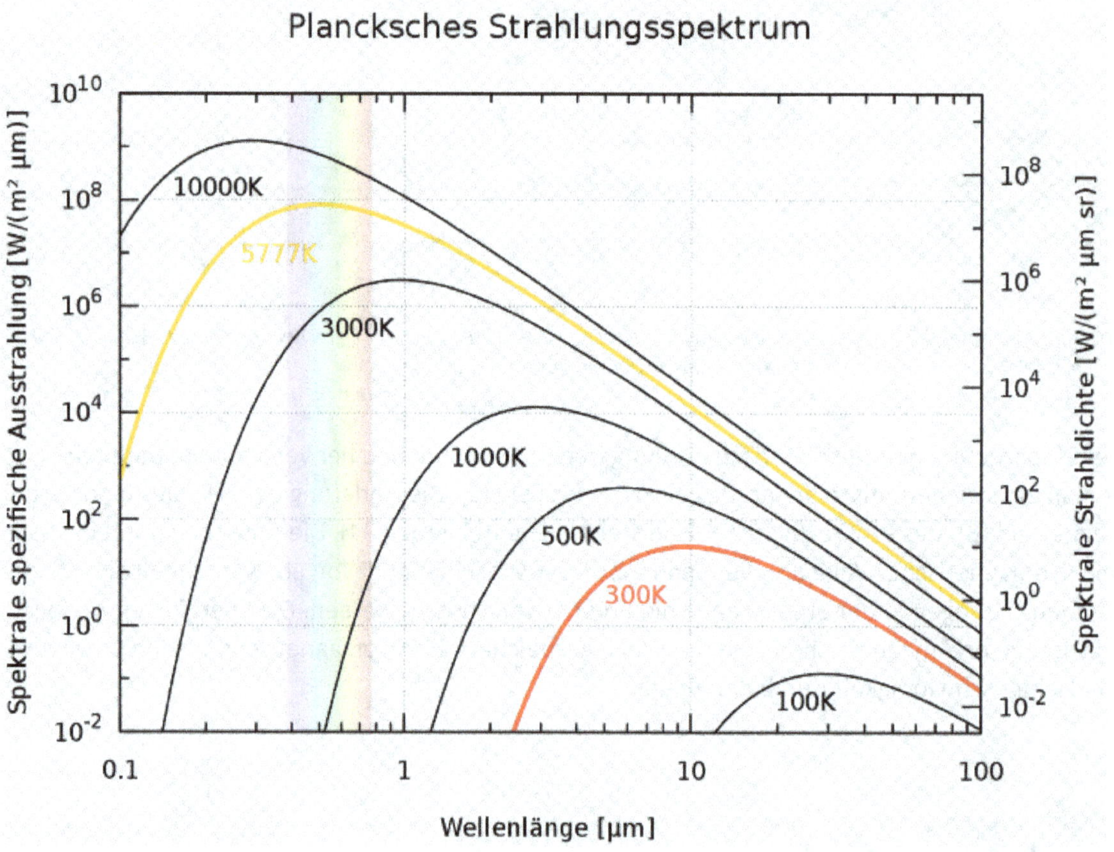

Abbildung 35: Spektrum des Schwarzen Strahlers, Quelle: https://de.wikipedia.org/wiki/Schwarzer_K%C3%B6rper

Bei Raumtemperatur liegt das Maximum der von Festkörpern ausgesandten Wärmestrahlung bei einer Wellenlänge von ca. 10µm (siehe 300K-Kurve, Abbildung 35). Die Sonne mit ihren ca. 6000K strahlt hauptsächlich im Bereich von ca. 0,5µm, dem sichtbaren Licht, ab (siehe 5777K-Kurve, Abbildung 35). Wer sich darüber wundert, warum in Abbildung 32 die Wellenlängen bei sehr hohen Temperaturen nicht beliebig kurz werden, sollte sich das Planck'sche Strahlungsgesetz ansehen.

Bevor wir uns mit dem Stefan-Boltzmann-Gesetz beschäftigen, will ich nochmal das Wichtigste zur Wärmestrahlung zusammenfassen. Für Körper, die ausschließlich über Wärmestrahlung Wärme miteinander austauschen, gilt:

Wärmestrahlung ermöglicht den Austausch von Wärme zwischen Körpern, die nicht miteinander in direktem Kontakt stehen (Z.B. Sonne und Planeten).

Alle Festkörper, die wärmer als der absolute Nullpunkt (-273,15°C oder 0K) sind, strahlen Wärmestrahlung aus.

Von einem Festkörper absorbierte Wärmestrahlung erhöht den Wärmeinhalt des Festkörpers und damit seine Temperatur.

Je wärmer ein Körper ist, desto größer ist die von ihm pro Flächen- und Zeiteinheit als Wärmestrahlung abgegebene Wärmemenge.

Wenn ein kalter und ein warmer Körper Wärmestrahlung miteinander austauschen, geht pro Zeiteinheit mehr Wärme vom warmen zum kalten Körper über als umgekehrt (Abbildung 36).

Wenn sich die Temperaturen der Körper angeglichen haben (T1 = T2), tauschen die beiden Körper pro Zeiteinheit die gleiche Wärmemenge miteinander aus. Diesen Zustand nennt man Thermisches Gleichgewicht (Abbildung 33). **Im Thermischen Gleichgewicht strahlt ein Körper pro Zeiteinheit genauso viel Wärmestrahlung ab, wie er aus seiner Umgebung absorbiert.**

Form, Farbe und Oberflächenbeschaffenheit der Körper ist dabei egal. Diese Faktoren haben nur einen Einfluss darauf, wie schnell der Austausch der Wärme erfolgt und wie schnell sich das thermische Gleichgewicht einstellt.

In der klassischen Thermodynamik ist die Zeit kein Parameter.

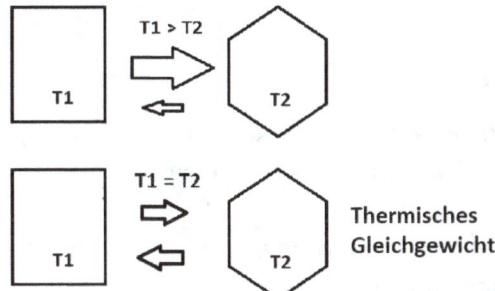

Abbildung 36:

Stefan-Boltzmann-Gesetz

Nach diesem recht oberflächlichen Ausflug in die Wärmelehre, sehen wir uns das Stefan-Boltzmann-Gesetz an.

Wenn man die Temperatur eines Festkörpers kennt, erlaubt das Stefan-Boltzmann-Gesetz die Leistung, der von diesem Festkörper abgegebenen Wärmestrahlung zu berechnen.

Für die Leistung verwende ich das Formelzeichen P. In diesem Fall ist die Leistung (P, Einheit Watt [W =J/sec]) die pro Zeiteinheit (t, Einheit Sekunden [sec]) als Wärmestrahlung abgegebene Wärmemenge (Q, Einheit Joule [J]).

$P = \frac{Q}{t}$; Einheit Watt [W]

Die Fläche, über die der Festkörper Wärmestrahlung abgibt, nennen wir A (Einheit [m²]).

Die Temperatur des Körpers sei T (Einheit [K])

Die Temperatur der Umgebung sei T_u (Einheit [K])

Das Stefan-Boltzmann-Gesetz lautet dann:

$P = A\sigma(T^4 - T_u^4)$ mit $\sigma = 5{,}670 \times 10^{-8}$ Wm^{-2}K^{-4}, sog. Stefan-Boltzmann-Konstante

Im Folgenden wollen wir das Strahlungsverhalten der Erde mit dem Stefan-Boltzmann-Gesetz beschreiben. Da die Erde in den 0K kalten Weltraum (T_u = 0K) abstrahlt, vereinfacht sich die Gleichung zu:

P = AσT⁴

Oder nach der Temperatur aufgelöst.

$$T = \sqrt[4]{\frac{P}{A\sigma}}$$

Dieses Gesetz gilt nur für Festkörper, die sich im thermischen Gleichgewicht befinden. Im thermischen Gleichgewicht haben Festkörper auf ihrer gesamten Oberfläche die gleiche Temperatur.

Außerdem ist es nur auf sog. „Schwarze Körper" anwendbar. Das sind Körper, die alle Strahlung, die auf sie trifft, absorbieren. Für Körper, die nicht alle Strahlung, die auf sie einfällt absorbieren, (sog. Graue Körper) muss man geeignete Korrekturfaktoren einfügen. Für die Erde hat man durch Satellitenmessungen einen Korrekturfaktor von ca. 0,7 ermittelt. Das heißt, die Erde reflektiert ca. ein Drittel der von der Sonne auf sie einfallenden Strahlung zurück in den Weltraum. Das **Reflexionsvermögen der Erde nennt man Albedo (α = 0,3).**

Falsche Anwendung des Stefan-Boltzmann-Gesetzes

Weil in der Gleichung P = AσT⁴ die Temperatur in der vierten Potenz steht, es kommt es zu Fehlern, wenn man mit einer, über mehrere Flächen gemittelten Durchschnittstemperatur eine Strahlungsleistung dieser Flächen berechnet.
Stattdessen muss man zuerst die Strahlungsleistungen der verschieden warmen Flächen getrennt voneinander berechnen und dann diese Strahlungsleistungen aufaddieren.
Aus demselben Grund kann man auch eine durchschnittliche Oberflächentemperatur nicht korrekt aus der durchschnittlichen Strahlungsleistung verschieden warmer Flächen berechnen.

Am einfachsten kann man das an einem Rechenbeispiel zeigen:

Eine Sportanlage besteht aus zwei dicht nebeneinander liegenden Fußballplätzen (mit schwarzem Braschenbelag) mit einer Fläche von je 7000m². Wir rechnen einfach mal so, als ob die beiden Plätze richtig schwarz wären, d.h. Albedo (α = 0). Der eine Platz liegt in der Sonne, seine Oberfläche ist 50°C (323K) warm. Der andere Platz ist beschattet und nur 20°C (293K) warm.
Für den Platz in der Sonne ergibt sich eine Strahlungsleistung von: 4320074W bzw. 617W/m²
Für den „Schattenplatz": 2925173W bzw. 418W/m²
Betrachten wir die beiden Plätze zusammen als eine strahlende Einheit, so ergibt sich für diese Fläche von 14000m² eine flächengemittelte Abstrahlleistung von 517,5W/m².

Jetzt berechnen wir die Durchschnittstemperatur für die Gesamtfläche der beiden Plätze auf zwei verschiedenen Wegen.

Zuerst der korrekte Weg. Wir berechnen das Flächenmittel der Temperatur (T_m) auf der Grundlage der gemessenen Oberflächentemperaturen.

$$T_m = \frac{T_{Sonnenplatz} * A_{Sonnenplatz} + T_{Schattenplatz} * A_{Schattenplatz}}{A_{Sonnenplatz} + A_{Schattenplatz}}$$

$$T_m = \frac{323K * 7000m^2 + 293K * 7000m^2}{14000m^2} = 308K = 35°C$$

Dann benutzen wir das Stefan-Boltzmann-Gesetz, um aus der flächengemittelten Abstrahlleistung der beiden Plätze (P/A=517,5W/m²) die flächengemittelte Temperatur der Sportanlage zu berechnen.

$$T_m = \sqrt[4]{\frac{P}{A\sigma}} = \sqrt[4]{\frac{517,5 \frac{W}{m^2}}{5,67 * 10^{-8} \frac{W}{m^2 K^4}}} = 309K = 36°C$$

Es fällt auf, dass die über den Mittelwert der Abstrahlleistung ermittelte Oberflächentemperatur von der tatsächlich gemessenen, flächengemittelten Durchschnittstemperatur abweicht.

An Hand dieses kleinen Beispiels kann man abschätzen, was davon zu halten ist, wenn man mit einer über die ganze Welt gemittelten Ein/Ausstrahlungsleistung eine Weltdurchschnittstemperatur berechnet.

Wie wir im folgenden Kapitel sehen werden, wird genau das bei der Ermittlung des Treibhauseffektes gemacht.

Ermittlung des Treibhauseffektes (nach IPCC)

Nun haben wir die Grundkenntnisse, um verstehen zu können, wie die IPCC-Klimawissenschaft den Treibhauseffekt „berechnet/bestimmt". Die Grundidee hinter dieser „Berechnung" ist einfach.
1. Unter Zuhilfenahme des Stefan-Boltzmann-Gesetzes und der bekannten Strahlungsleistung der Sonne, berechnet man, wie warm eine **Erde ohne Atmosphäre** sein sollte.
2. Man misst die Durchschnittstemperatur der Erde.
3. Von der gemessenen Durchschnittstemperatur der Erde zieht man die für die Erde ohne Atmosphäre berechnete Temperatur ab. Man erhält so eine Temperaturdifferenz, von der man behauptet, dass sie durch den atmosphärischen Treibhauseffekt zu Stande kommt.

$T_{Treibhauseffekt} = T_{globaler\ Mittelwert} - T_{Erde\ ohne\ Atmosphäre}$

Ich will an diesem Punkt nicht näher darauf eingehen, dass die Ermittlung einer globalen Durchschnittstemperatur eine sehr fragwürdige Angelegenheit ist. Das dazu notwendige dichte Netz an Messstationen ist einfach nicht vorhanden und die vorhandenen Messstationen liefern nicht immer zuverlässige Daten. Wie wir sehen werden, kommt es bei dem Unsinn der hier getrieben wird gar nicht so drauf an, ob die globale Durchschnittstemperatur auf ein paar Grad genau stimmt oder nicht.

Nun zur eigentlichen Berechnung:
Im Fourth Assessment Report Climate Change 2007 The Physical Science Basis Chapter 1: Historical overview of climate change science page 97 (https://www.ipcc.ch/site/assets/uploads/2018/05/ar4_wg1_full_report-1.pdf) findet man so zu sagen im Nebensatz einen Hinweis darauf, wie man beim IPCC dem Treibhauseffekt bestimmt (Abbildung 37). Man geht davon aus, dass auf die Erde ca. 240W/m² von der Sonne eingestrahlt werden. Diese Strahlung wird absorbiert, erwärmt die Erde und wird dann wieder von der Erde als Infrarotstrahlung in den Weltraum abgestrahlt. Mit diesen 240W/m² geht man in das Stefan-

Boltzmann-Gesetz und berechnet die Temperatur, die die Erde ohne die Atmosphäre und damit ohne den atmosphärischen Treibhauseffekt haben sollte. Das Ergebnis ist -19°C für eine Erde ohne Treibhauseffekt/Atmosphäre.

> The energy that is not reflected back to space is absorbed by the Earth's surface and atmosphere. This amount is approximately 240 Watts per square metre (W m^{-2}). To balance the incoming energy, the Earth itself must radiate, on average, the same amount of energy back to space. The Earth does this by emitting outgoing longwave radiation. Everything on Earth emits longwave radiation continuously. That is the heat energy one feels radiating out from a fire; the warmer an object, the more heat energy it radiates. To emit 240 W m^{-2}, a surface would have to have a temperature of around −19°C. This is much colder than the conditions that actually exist at the Earth's surface (the global mean surface temperature is about 14°C). Instead, the necessary −19°C is found at an altitude about 5 km above the surface.
>
> The reason the Earth's surface is this warm is the presence of greenhouse gases, which act as a partial blanket for the longwave radiation coming from the surface. This blanketing is known as the natural greenhouse effect. The most important greenhouse gases are water vapour and carbon dioxide. The two most abundant constituents of the atmosphere – nitrogen and oxygen – have no such effect. Clouds, on the other hand, do exert a blanketing effect similar to that of the greenhouse gases; however, this effect is offset by their reflectivity, such that on average, clouds tend to have a cooling effect on climate (although locally one can feel the warming effect: cloudy nights tend to remain warmer than clear nights because the clouds radiate longwave energy back down to the surface). Human activities intensify the blanketing effect through the release of greenhouse gases. For instance, the amount of carbon dioxide in the atmosphere has increased by about 35% in the industrial era, and this increase is known to be due to human activities, primarily the combustion of fossil fuels and removal of forests. Thus, humankind has dramatically altered the chemical composition of the global atmosphere with substantial implications for climate.

Abbildung 37, Quelle: IPCC Fourth Assessment Report Climate Change 2007 The Physical Science Basis Chapter 1: Historical overview of climate change science page 97 https://www.ipcc.ch/report/ar4/wg1/historical-overview-of-climate-change-science-2/

$$T = \sqrt[4]{\frac{P}{A\sigma}} \quad \text{mit P/A = 240W/m}^2 \text{ und } \sigma = 5{,}670 \times 10^{-8} \text{ Wm}^{-2}\text{K}^{-4}$$

$$T = \sqrt[4]{\frac{240 \frac{W}{m^2}}{5{,}67 \cdot 10^{-8} \frac{W}{m^2 K^4}}} = 255K = -18°C \quad \text{(In Text seht -19°C. Macht nix. So genau geht's hier nicht zu)}$$

Hier stellt sich die Frage, wie man beim IPCC auf die 240W/m² Ein- und Ausstrahlung kommt. Mit einem solchen Durchschnittswert zu rechnen ist, wie wir im Rechenbeispiel mit den Fußballfeldern gesehen haben, sicher nicht ganz korrekt. Aber ungeachtet dieses Fehlers sehen wir uns mal an, wie man zu diesem Durchschnittswert kommt.

Die von der Sonne auf die Erde eingestrahlte Leistung ist recht konstant. Es ist die sog. Solarkonstante S_0 = 1367 W/m². Dieser Wert wurde durch Satellitenmessungen bestimmt. Für die folgenden Berechnungen geht man davon aus, dass die Erde von der Sonnenstrahlung getroffen wird, die durch eine Kreisfläche mit dem Radius der Erdkugel senkrecht hindurchtritt. Durch jeden Quadratmeter dieser Fläche geht eine Strahlungsleistung von 1367 W hindurch.

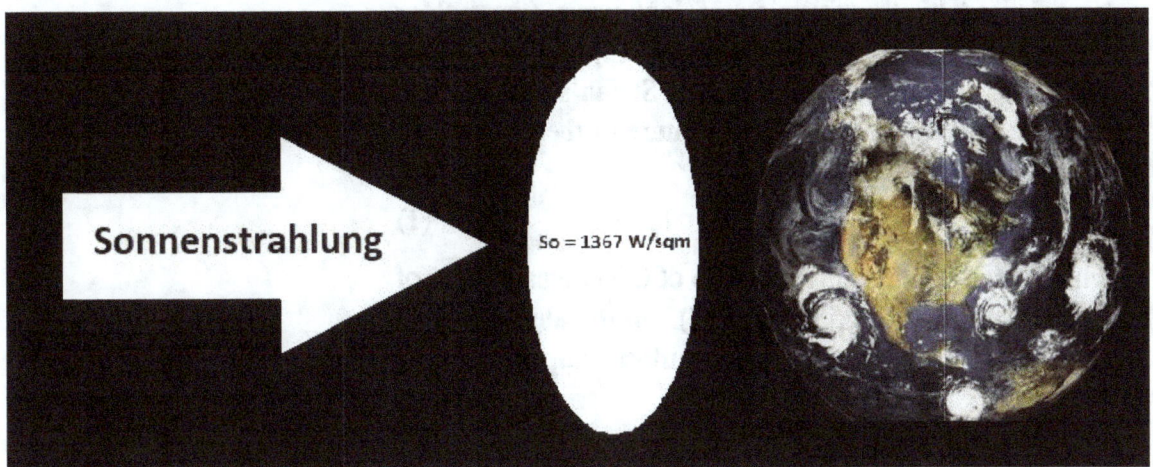

Abbildung 38: Solarkonstante; („Satellitenbild" wurde der Innenseite des Umschlags von Al Gore´s Buch „An Inconvenient Truth" entnommen)

Weil im IPCC-Bericht nicht näher erklärt wird, wie man von der Solarkonstante (S_0=1367W/m²) auf 240W/m² mittlere Einstrahlungsleistung kommt, sehen wir mal nach, was andere „offizielle" klimawissenschaftliche Institutionen über den Gang der Rechnung verraten.
Bei John F. B. Michell, Meteorological Office, Bracknell, England ("The Green House Effect and Climate Change") finde ich etwas detailliertere Angaben zur Berechnung der Temperatur der Erde ohne atmosphärischen Treibhauseffekt (Abbildung 39).

116 • REVIEWS OF GEOPHYSICS / 27,1

2. THE GREENHOUSE EFFECT

2.1. Radiative Effects

The Earth-atmosphere system is heated by solar (short-wave radiation at a mean rate of $S_0(1-\alpha)/4$, where S_0 is the solar "constant," α is the fraction of radiation reflected by the Earth and atmosphere, and the factor 4 allows for the spherical geometry of the Earth. This must be balanced by the emission of long-wave (thermal or infrared) radiation to space (Figure 1a). The rate of cooling is given by σT_e^4, where σ is Stefan's constant and T_e is the effective radiating temperature of the system. At equilibrium

$$S_0(1-\alpha)/4 = \sigma T_e^4 \quad (1)$$

which assuming the current albedo of 0.30 gives a value of T_e corresponding to 255 K (-18°C). In the absence of an atmosphere, T_e will be the Earth's surface temperature.

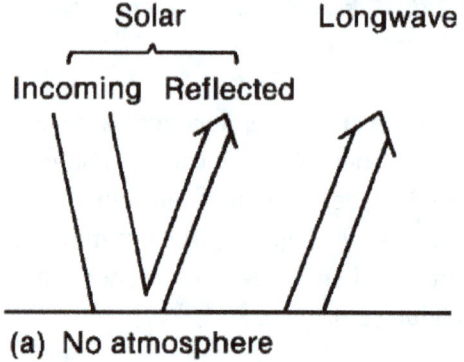

(a) No atmosphere

Figure 1. Schematic illustration of the greenhouse effect showing (a) no atmosphere, where long-wave radiation escapes directly to space, and (b) an absorbing atmosphere, where long-wave radiation from the surface is absorbed and reemitted both downward, warming the surface and lower atmosphere, and upward, maintaining radiative balance at the top of the atmosphere.

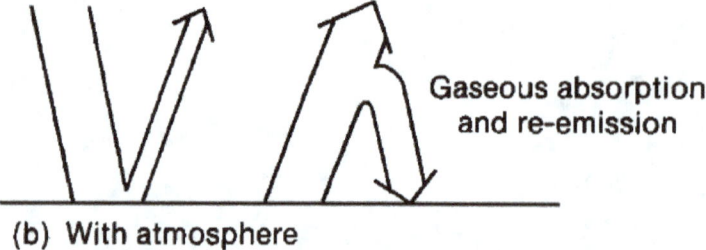

(b) With atmosphere

Abbildung 39: Quelle: "The Green House Effect and Climate Change" John F. B. Michell Meteorological Office, Bracknell, England (https://media.gradebuddy.com/documents/460491/43ab9b0f-9274-47b2-86b2-84f25ce20b3d.pdf)

Er verrät uns: „Das Erde-Atmosphäre-System wird durch kurzwellige Sonnenstrahlung mit einer durchschnittlichen Rate von $S_0(1 - \alpha)/4$ erwärmt, wobei S_0 die Solarkonstante ist, α ist der Anteil der Strahlung, der von Erde und Atmosphäre reflektiert wird und **mit dem Faktor 1/4 wird die Kugelform der Erde berücksichtigt**". Rechnen wir das mal aus:

1367W/m² x (1 – 0,3) / 4 = 239,2W/m²   mit α = 0.3 (Albedo)

Weil hier, wie im IPCC-Bericht, ca. 240W/m² rauskommen, gehe ich mal davon aus, dass das die „offizielle" Methode zur Berechnung des Treibhaueffektes ist. Auch in allen anderen mir bekannten Lehrbüchern wird so gerechnet.

In wissenschaftlichen Abhandlungen werden solch triviale Rechnungen natürlich nicht im Detail hergeleitet und anhand einer Zeichnung veranschaulicht. Aber im Rahmen dieses für Laien geschrieben Artikels kann man auch schon mal Selbstverständlichkeiten etwas ausführlicher behandeln. Deshalb jetzt im Detail, Herleitung und Berechnung des atmosphärischen Treibhauseffektes nach Art des IPCC's.

Wie in Abbildung 38 dargestellt wird die Erde von der Sonnenstrahlung getroffen, die senkrecht durch eine Kreisfläche mit dem Radius der Erdkugel (r) hindurchgeht. Diese Kreisfläche berechnet sich zu

$A_k = \pi r^2$.

Mit der Solarkonstante S_0 erhält man für die auf die Erde eigestrahlte Leistung.

$$P = A_k S_0 = \pi r^2 S_0$$

Jetzt korrigieren wir noch mit der Albedo für die reflektierte Leistung und erhalten die von der Erde absorbierte Leistung.

$$P = (1 - \alpha) \pi r^2 S_0$$

Diese Leistung wird von der ganzen die Oberfläche der Erde $A_E = 4\pi r^2$ (Kugeloberfläche) absorbiert und dann wieder als Wärmestrahlung abgestrahlt.

Das Stefan-Boltzmann-Gesetz ($P = A\sigma T^4$) sieht dann so aus (eingestrahlte Leistung = ausgestrahlte Leistung).

$$P = (1 - \alpha) \pi r^2 S_0 = 4\pi r^2 \sigma T^4 \quad , \pi r^2 \text{ kürzt sich raus}$$

$$(1 - \alpha) S_0 = 4\sigma T^4$$

$$\frac{(1-\alpha)S_0}{4\sigma} = T^4$$

Nach T aufgelöst:

$$T = \sqrt[4]{\frac{(1-\alpha)S_0}{4\sigma}} = \sqrt[4]{\frac{(1-0,3)*1367}{4*5,67*10^{-8}}} \approx 255K \approx -18°C \quad \text{Temperatur der Erde ohne Treibhauseffekt}$$

Mit der gemessenen globalen Durchschnittstemperatur von etwa ca. 15°C ergibt sich so ein atmosphärischer Treibhauseffekt von ca. 33°C. Nach dieser Rechnung wäre die Erde ohne Treibhausgase ca. 33°C kälter als sie mit Treibhausgasen wirklich ist.

Der Gang der Rechnung ist jetzt geklärt. Jetzt machen wir uns mal eine Skizze von diesem Modell (Abbildung 40).

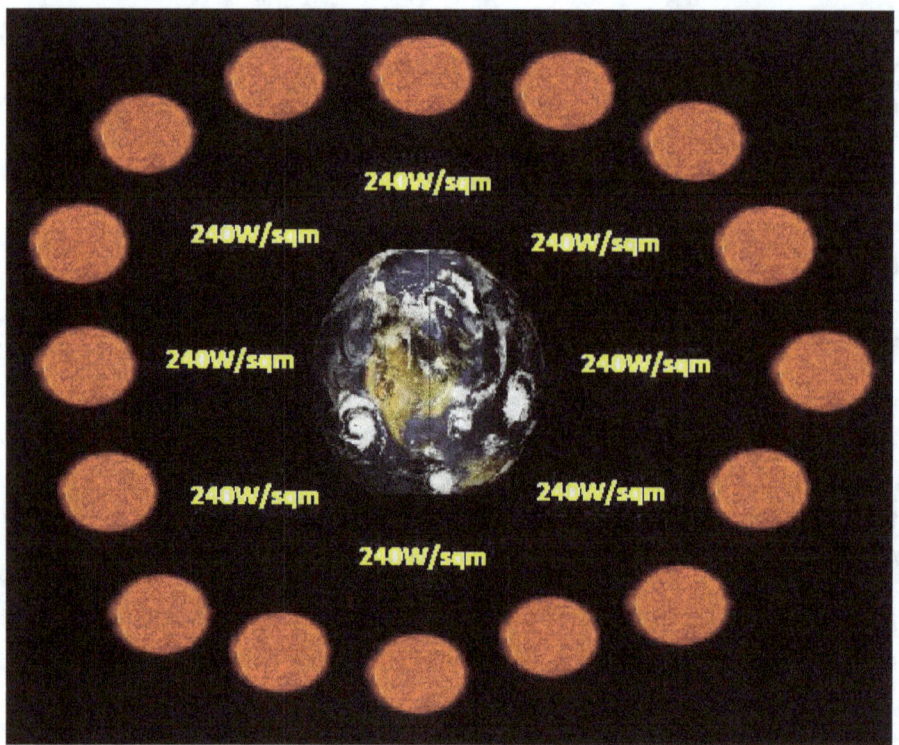

Abbildung 40:

Man kann es kaum glauben, aber hier wird die Erde rund um die Uhr aus allen Richtungen senkrecht und gleichmäßig mit einer Leistung von 240W/m² angestrahlt. Dieses Modell erlaubt es den Schwierigkeitsgrad der Berechnung auf Schulniveau zu bringen. Mit der Realität hat das überhaupt nichts mehr zu tun.

Jetzt wird auch verständlich, warum man in IPCC-Berichten nicht genauer auf die Bestimmung des Treibhauseffektes eingeht. Es ist ganz einfach richtig peinlich, wenn man auf der einen Seite vorgibt mit Supercomputern das Schicksal des Weltklimas vorhersagen zu können, während man auf der anderen Seite die wichtigste Grundlage der Theorie der menschgemachten Erderwärmung so stümperhaft behandelt.

Man arbeitet nicht aus Unwissenheit mit diesem falschen Modell. Das Problem für den IPCC liegt darin, dass bei allen halbwegs realitätsnahen Modellen zur Berechnung der Durchschnittstemperatur der Erde ohne Atmosphäre, der atmosphärische Treibhauseffekt ganz einfach verschwindet.

Eine kühne Behauptung, die nun zu „beweisen" ist.

Ein realistischeres Modell zur Berechnung der Erdoberflächentemperatur (ohne Treibhauseffekt)

Wie wir am Rechenbeispiel mit den Fußballplätzen gesehen haben, liefert das Stefan-Boltzmann-Gesetz nicht die korrekte flächengemittelte Durchschnittstemperatur, wenn man die Aus/Einstrahlleistung über Flächen, die verschiedene Temperaturen haben, mittelt.

Im IPCC-Modell wird die Einstrahlung (S_0) über die gesamte Erdoberfläche gemittelt. Es ist deshalb zu erwarten, dass ein sehr großer Fehler bei der Berechnung der mittleren Oberflächentemperatur entsteht.

Um diese Fehlerquelle zu vermeiden, müsste man ein Modell entwickeln, das es erlaubt an jedem Punkt auf der Planetenoberfläche die eingestrahlte Leistung zu berechnen. Wenn man die an jedem

Punkt der Planetenoberfläche eingestrahlte Leistung kennt, kann man über das Stefan-Boltzmann-Gesetz für jeden Punkt die Oberflächentemperatur berechnen, **ohne dass man die Strahlungsleistung über große Flächen mitteln muss**. Gesucht ist also eine Oberflächentemperaturverteilungsfunktion T(Θ), die jedem Punkt auf der Planetenoberfläche eine Temperatur zuordnet. Mit dieser Oberflächentemperaturverteilungsfunktion T(Θ) kann man dann „praktisch fehlerfrei" die mittlere Oberflächentemperatur des Planten berechnen.

Das hört sich recht hypothetisch an. Aber Dank des Lunar Diviner Experiments liegen so detaillierte Daten über die Oberflächentemperatur des Mondes vor, dass für den Mond die oben geforderte Oberflächentemperaturverteilungsfunktion T(Θ) ermittelt werden kann.

Mit diesen Daten wird unser Mond zum idealen Modell für einen Himmelskörpers ohne Atmosphäre.

Bei der Analyse der Temperaturdaten der Lunar Diviner Mission stellt sich heraus, dass auf der Sonnenseite des Mondes die Oberflächentemperaturen sehr gut durch das Stefan-Boltzmann-Gesetz beschrieben werden, wenn man den Einfallwinkel der Sonnenstrahlung berücksichtigt (Abbildung 41).

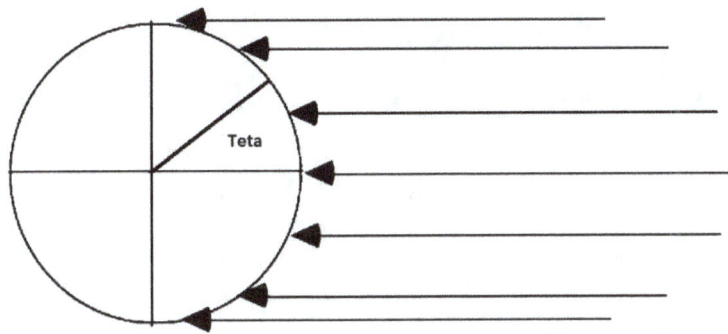

Abbildung 41: Sonnenhöchststandwinkel Θ (Teta)

Nach William et al. 2017 (https://www.sciencedirect.com/science/article/pii/S0019103516304869) ergibt sich folgende Oberflächentemperaturverteilungsfunktion T(Θ).

$$T(\theta) = \sqrt[4]{\frac{(1-\alpha)S_0 \cos\theta}{\sigma}}$$ mit Θ = Sonnenhöststandwimkel, α = 0,11 (Albedo des Mondes)

In der Nähe der Pole geht der Sonnenhöchststandwinkel Θ (Teta) gegen 90°. D.h. der cosΘ geht gegen Null und es wird nur noch sehr wenig Leistung eingestrahlt. Dort ist die Oberfläche dann sehr kalt. Am Äquator bei Sonnenhöchststand gilt Θ = 0°. Dort ist der cosΘ = 1. Es wird die volle Leistung S_0 senkrecht eingestrahlt und die Leistung $(1-\alpha)S_0$ absorbiert. Hier misst man die höchste Oberflächentemperatur.

Es bilden sich so um den Punkt des Sonnenhöchststandes konzentrische Kreise mit gleichem Sonneneinfallswinkel und damit gleicher Temperatur aus (Abbildung 42).

Die Schattenseite des Mondes wird nicht weiter berücksichtigt. Sie kühlt einfach über Nacht ab und wird am nächsten Tag wieder aufgeheizt.

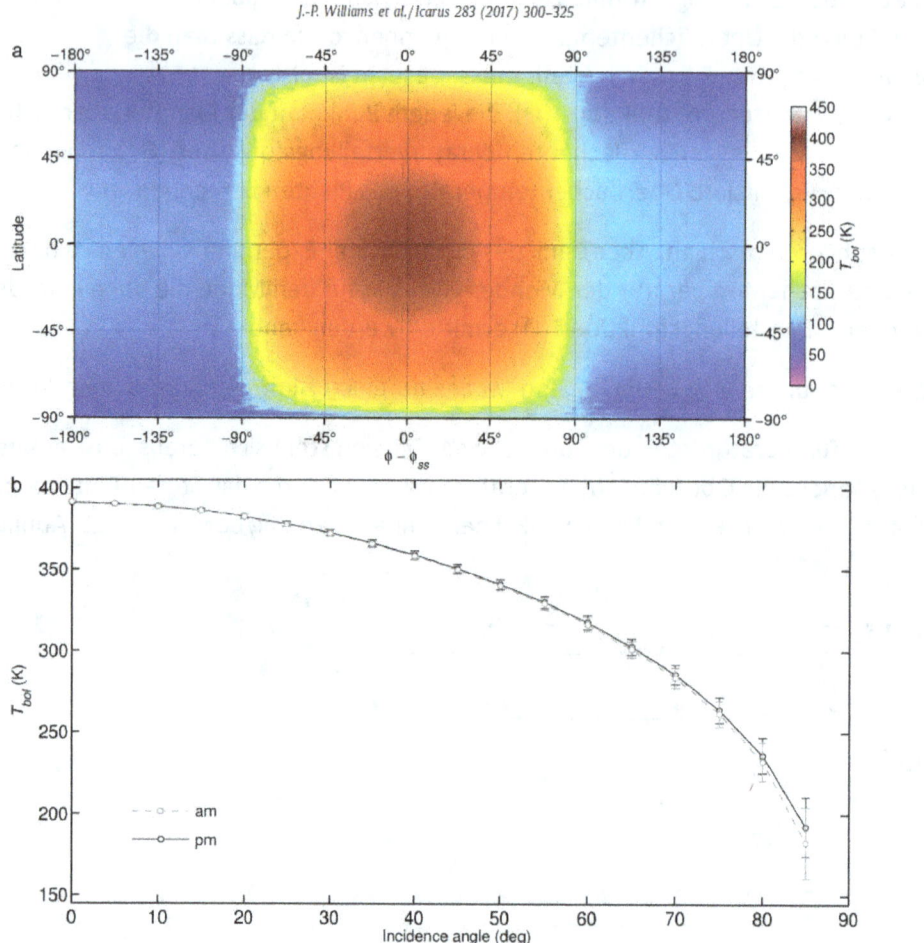

Abbildung 42: William et al. 2017, Oberflächentemperatur des Mondes (Lunar Diviner Mission), https://www.sciencedirect.com/science/article/pii/S0019103516304869

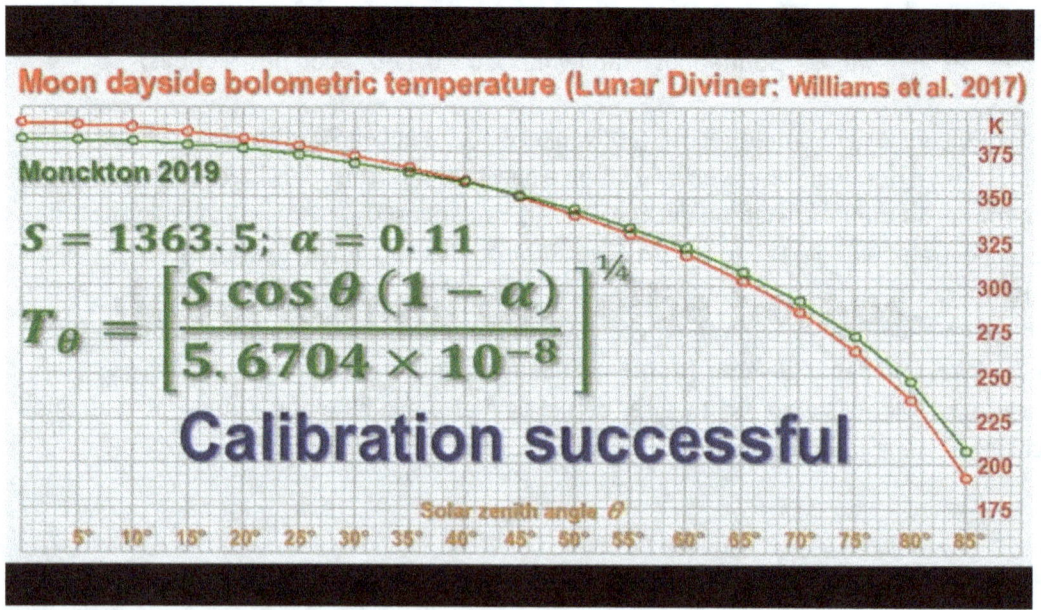

Abbildung 43: Vergleich gemessene Temperaturverteilung (rot) mit berechneter Verteilung (grün); Quelle: Lord Christpher Monckton Vortrag EIKE 2019 München

Der Mond dreht sich ca. 28mal langsamer als die Erde. D.h. die Schattenseite hat wesentlich mehr Zeit abzukühlen als die Nachtseite der Erde. Nach Sonnenaufgang hat die Mondoberfläche aber auch mehr Zeit um sich aufzuheizen. Der Tagesgang der Temperatur ist daher symmetrischer als auf der Erde. Das Tagesmaximum wird praktisch mit dem Sonnenhöchststand erreicht (Abbildung 44).

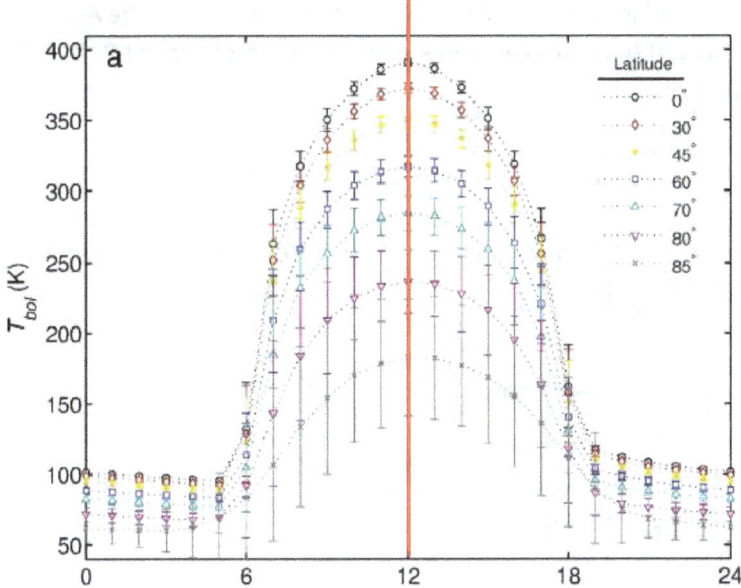

Abbildung 44: Quelle: William 2017, Rote Linie markiert den Sonnenhöchststand, https://www.sciencedirect.com/science/article/pii/S0019103516304869

Vergleicht man den Tagesgang der Mondoberflächentemperatur mit entsprechenden irdischen Messungen (Abbildung 45), stellt man fest, dass sich die auf der Erdoberfläche gemessen Temperaturgänge vor allem dadurch von den Mondwerten unterscheiden, dass die Höchsttemperatur erst nach dem Sonnenhöchststand (Mittag) erreicht werden und dass der Unterschied zwischen Tag und Nacht geringer ist. Diese Unterschiede rühren vor allem daher, dass sich die Erde ca. 28mal schneller als der Mond dreht und dass die Wärmekapazität von Erdatmosphäre und Erdoberfläche die Aufheizung und Abkühlung der Erdoberfläche verlangsamen.

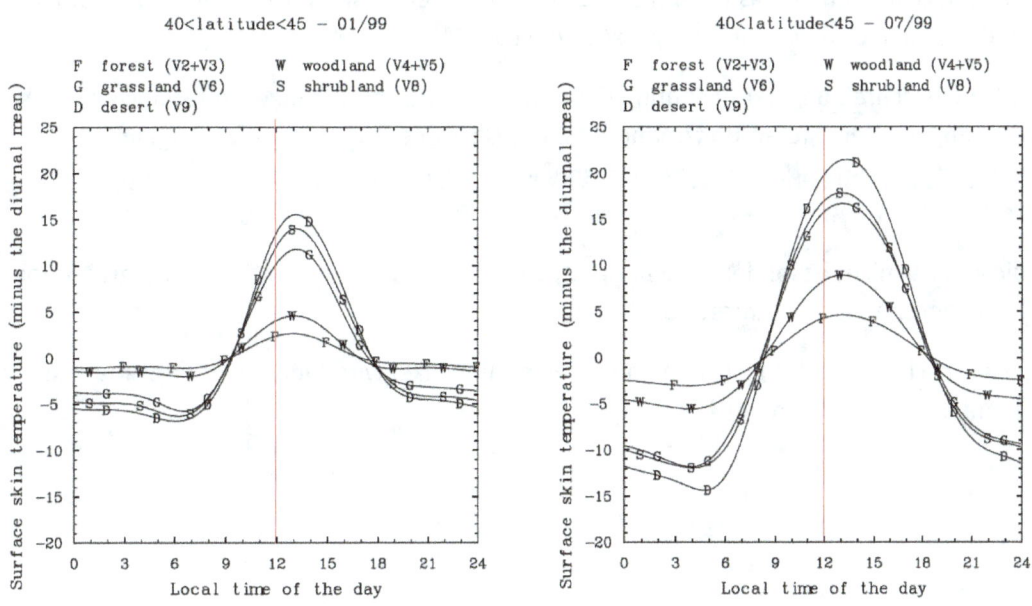

Figure 6. Anomaly of the surface skin temperature diurnal cycle for five surface types for January 1999 (left) and July 1999 (right).

Abbildung 45: F. Aires et al. 2004, https://pubs.giss.nasa.gov/docs/2004/2004_Aires_ai00100w.pdf

Trotz dieser Unterschiede ist der Tagesgang der Oberflächentemperatur der Erde dem Temperaturtagesgang der Mondoberfläche wesentlich ähnlicher als dem „IPCC-Modell". Deshalb sehen wir uns mal an, was herauskommt, wenn man die Oberflächentemperaturverteilungsfunktion des Mondes auf die Erde überträgt.

Bei der Übertragung des „Mondmodelles" auf irdische Verhältnisse tauschen wir einfach die Albedo des Mondes durch die Albedo der Erde aus. D.h. obwohl wir ohne Atmosphäre rechnen, ist Reflexion von Sonnenlicht an Wolken und Wasseroberflächen berücksichtigt.

$$T(\Theta) = \sqrt[4]{\frac{(1-\alpha)S_0 \cos\theta}{\sigma}}$$ mit Θ = Sonnenhöchststandwimkel , α = 0,3 (Albedo der Erde)

Diese Temperaturverteilungsfunktion T(Θ) teilt die Sonnenseite der Erde in konzentrische Kreise mit gleicher Oberflächentemperatur ein (Abbildung 46).

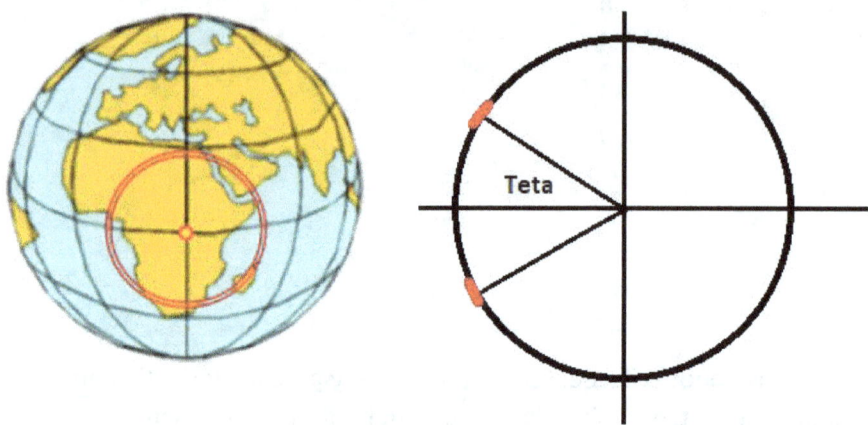

Abbildung 46: Aufteilung der Sonnenseite in konzentrische Ringe mit gleichem Sonneneinstrahlwinkel Teta (Θ) nach Uli Weber

Uli Weber beschreibt eine numerische Lösung, die über diese Verteilungsfunktion die globale Durchschnittstemperatur berechnet. Der Rechenaufwand ist überschaubar. Die Rechnung kann jeder mit Excel selbst nachvollziehen. Das Ergebnis ist 14,03°C und liegt erstaunlich dicht an der vom IPCC „gemessenen" globalen Durchschnittstemperatur von ca. 15°C.

Eine ausführliche Beschreibung der Rechnung findet man hier: „Anmerkungen zur **hemisphärischen Mittelwertbildung** mit dem Stefan-Boltzmann-Gesetz", Uli Weber (https://www.eike-klima-energie.eu/2019/09/11/anmerkungen-zur-hemisphaerischen-mittelwertbildung-mit-dem-stefan-boltzmann-gesetz/)

Weil es in diesem Fall nicht besonders schwierig ist, will ich auch eine „ordentliche" Integrallösung für Uli Webers hemisphärischen Ansatz vorführen.

Aus den konzentrischen Ring mit gleichem Sonneneinstrahlwinkel wird hier ein infinitesimal schmales Flächenelement dA (siehe Abbildung 47).

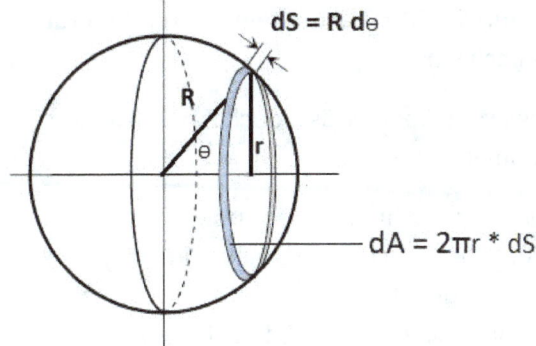

Abbildung 47:

$$dS = R\, d\theta$$

$$r = R\sin\theta$$

$$dA = 2\pi r\, dS = 2\pi R^2 \sin\theta\, d\theta$$

$$\varepsilon = (1-\alpha) \approx 0{,}7$$

$$\sigma T^4 = \varepsilon\, S_0 \cos\theta$$

$$T(\theta) = \sqrt[4]{\frac{\varepsilon S_0}{\sigma}} \sqrt[4]{\cos\theta}$$

Die flächengemittelte Durchschnittstemperatur der sonnenbeschienenen Halbkugel T_m wird berechnet, indem man das Flächenintegral der Oberflächentemperaturverteilungsfunktion T(θ) über die sonnenbeschienene Halbkugel bildet und dann durch die Fläche der Halbkugel dividiert.

$$T_m = \frac{1}{2\pi R^2} \int\limits_{Halbkugel} T(\theta)\, dA$$

$$T_m = \frac{1}{2\pi R^2} \int_0^{\frac{\pi}{2}} \sqrt[4]{\frac{\varepsilon S_0}{\sigma}} \sqrt[4]{\cos\theta}\; 2\pi R^2 \sin\theta\, d\theta$$

$$T_m = \sqrt[4]{\frac{\varepsilon S_0}{\sigma}} \int_0^{\frac{\pi}{2}} \sqrt[4]{\cos\theta} \sin\theta\, d\theta = \sqrt[4]{\frac{\varepsilon S_0}{\sigma}} \left| -\frac{4(\cos\theta)^{\frac{5}{4}}}{5} + C \right|_0^{\frac{\pi}{2}}$$

$$T_m = \sqrt[4]{\frac{\varepsilon S_0}{\sigma}}\, \frac{4}{5} = \sqrt[4]{\frac{0{,}7 * 1368\, \frac{W}{m^2}}{5{,}67 * 10^{-8}\, \frac{W}{m^2 K^4}}} * \frac{4}{5} \approx 288{,}4K \approx 15°C$$

Die Integrallösung liefert mit einer flächengemittelten Durchschnittstemperatur von ca. T_m = 15°C die vom IPCC angegebene, durch Wetterstationsmessungen ermittelte Durchschnittstemperatur von ca. 15°C.

Ergebnis: Wenn man wie im echten Leben die Sonne nur auf eine Seite der Erde scheinen lässt und die Ergebnisse des Lunar Diviner Experiments benutzt, um die Oberflächentemperatur der Erde zu berechnen, ist der atmosphärische Treibhauseffekt einfach weg.

Ich möchte das Ergebnis dieser Rechnung nicht überbewerten, aber es lässt doch Zweifel an der Existenz des atmosphärischen Treibhauseffektes aufkommen.

Demnach scheint es nicht die mysteriöse Gegenstrahlung von Treibhausgasen zu sein, die die Erde bewohnbar macht. Das milde Klima der Erde kommt wohl eher durch ihre schnelle Drehung (=> kurze Nacht) und durch die große Wärmekapazität von Oberfläche und Atmosphäre zustande. Auch die latente Wärme, die bei Phasenübergängen des Wassers umgesetzt wird, trägt zur hohen Wärmekapazität von Atmosphäre und Erdoberfläche bei.

Der Umstand, dass man beim IPCC eine Rundum-Dauer-Belichtung der Erde mit 240W/m² konstruieren muss, um überhaupt einen atmosphärischen Treibhauseffekt vorzeigen zu können, ist für mich der beste Beweis für die Nichtexistenz dieses Effektes. Wenn man beim IPCC eine vernünftige Erklärung (oder Messung) für den atmosphärischen Treibhauseffektes hätte, würde uns diese täglich von jedem „Fernsehwissenschaftler" gepredigt. Stattdessen setzt man die 33°C Treibhauseffekt immer als gegeben voraus und erwähnt die Herleitung dieser Zahl, nur wenn man es gar nicht vermeiden kann und dann auch nur im Nebensatz.

Nebenbemerkung: Um der Angelegenheit den bitteren Ernst zu nehmen, habe ich in Abbildung 38 ein Bild der Erde aus dem berühmten Buch des Klimawissenschaftlers und Nobelpreisträgers Al Gore „Eine unbequeme Wahrheit" benutzt. Al hat das Satellitenbild etwas bearbeiten lassen, um seiner Botschaft etwas mehr Drama und Nachdruck zu verleihen. Jedem (Hobby)Meteorologen tut dieses Bild in den Augen weh. Ein Hurrikan hat sich an den Äquator verirrt. Und vor Florida dreht sogar einer falsch rum (Abbildung 48).

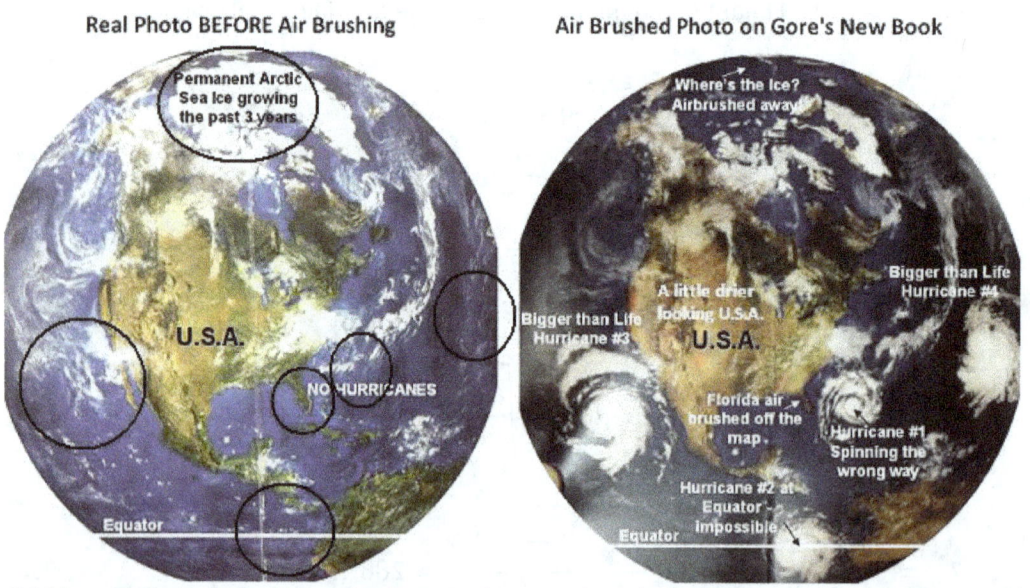

Abbildung 48: Quelle: https://australianclimatemadness.com/2010/03/01/more-bad-science-from-the-ipcc/

Dieses Bild vermittelt einen realistischen Eindruck von der modernen Klimawissenschaft. Wenn man also beim Studium der Klimawissenschaft etwas nicht versteht, sollte man immer an die Möglichkeit denken, dass man es nicht verstehen kann, weil es dumm und plump gelogen, oder einfach falsch ist.

Treibhauseffekt auf molekularer Ebene (spektroskopische Betrachtung)

Nachdem nun ernste Zweifel an der Existenz des atmosphärischen Treibhauseffektes gesät sind, sehen wir uns an, wie dieser Effekt durch die Wechselwirkung von IR-Strahlung mit den Gasmolekülen der Atmosphäre zustande kommen soll. Auch auf dieser Ebene der Betrachtung wird der Leser zu unerwarteten Einsichten kommen.

Während wir im planetarischen Maßstab Energieflüssen in der Größenordnung von 10^{15} Joule pro Sekunde betrachtet haben, werden bei der Wechselwirkung von IR-Strahlung mit einzelnen Treibhausgasmolekülen Energien in der Größenordnung von 10^{-20} Joule umgesetzt.

Es hat sich gezeigt, dass die Beschreibung von Wärmestrahlung als kontinuierliche elektromagnetische Welle nicht geeignet ist, um Vorgänge auf Molekülebene zu „erklären".

Um diese Vorgänge sinnvoll beschreiben zu können, hat man zu Beginn 20ten Jahrhunderts die Quantenmechanik entwickelt.

In der Quantenmechanik beschreibt man elektromagnetische Strahlung nicht als kontinuierliche elektromagnetische Welle, sondern als Strom einzelner Lichtteilchen, sog. Photonen. Photonen sind die Träger der Energie der Strahlung. Die Energie der Photonen hängt von der Wellenlänge der Strahlung ab. Je kurzwelliger die Strahlung ist, desto höher ist der Energieinhalt ihrer Photonen.

Die Absorption von Strahlung durch ein Molekül wird in der Quantenmechanik als Wechselwirkung des Moleküls mit einem Photon der absorbierten Strahlung beschrieben.

Um die Argumentation der folgenden Kapitel verstehen zu können, ist kein tiefes Verständnis dieser Vorgänge erforderlich. Man muss sich nur merken:

- Auf Molekülebene beschreibt man elektromagnetische Strahlung als einen Strom von einzelnen Lichtteilchen (Photonen).
- Photonen sind die Träger der Energie der Strahlung.
- Die Energie der Photonen hängt von der Wellenlänge der Strahlung ab (Je kürzer die Wellenlänge der Strahlung desto höher der Energieinhalt ihrer Photonen).
- Moleküle können Photonen mit geeigneter Wellenlänge/Energie absorbieren.

Wie beobachtet/misst man die Wechselwirkung von IR-Strahlung mit Treibhausgasmolekülen?

Das wichtigste Instrument zur Untersuchung dieser Wechselwirkungen ist das IR-Spektrometer. Die meisten IR-Spektrometer können im Wellenzahlenbereich von $4000 cm^{-1}$ bis $400 cm^{-1}$ messen. Der prinzipielle Aufbau und die Funktionsweise eines solchen Gerätes ist recht einfach (Abbildung 49).

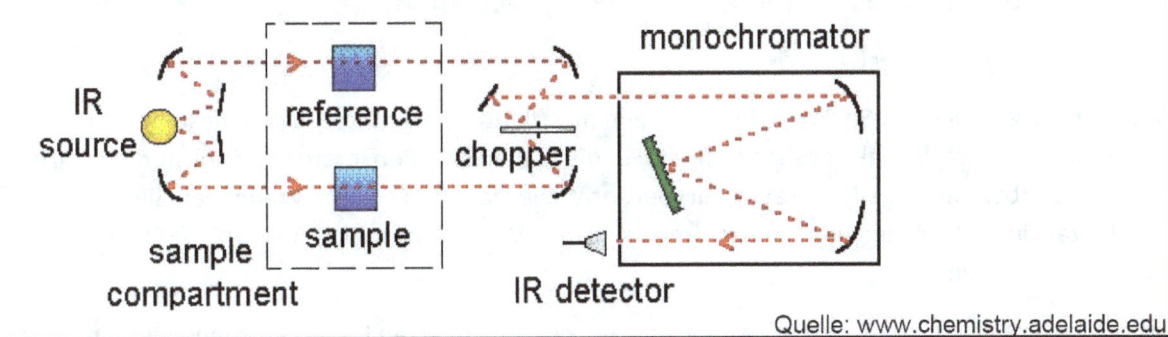

Abbildung 49: Quelle Skript Uni-Mainz: Schematischer Aufbau eine Zweistrahl-IR-Spektrometers

In einem IR-Spektrometer Teilt man die Strahlung einer IR-Quelle (IR-Source, meist ein elektrisch geheizter Glühstab) in zwei gleiche Strahlen auf. Den einen Strahl schickt man durch eine Probe (Sample) den anderen Strahl schickt man durch eine Referenz (Vergleich). Als Referenz dient oft ein leerer Probenbehälter. Ein rotierender Spiegel (Chopper) lenkt abwechselnd den Probenstrahl und den Referenzstrahl in den Monochromator. Der Monochromator spaltet die einfallende IR-Strahlung in Strahlen verschiedener Wellenlängen auf und lässt nur eine bestimmte Wellenlänge zum Detektor durch (ähnlich wie ein Prisma das sichtbare Licht in seine Farben aufspaltet). Dadurch, dass der rotierende Spiegel abwechseln IR-Strahlung aus der Probe und der Referenz in den Monochromator leitet, kann man im Detektor die Durchlässigkeit der Probe mit der Durchlässigkeit der Referenz vergleichen. Zur Aufnahme eines Spektrums wird er Monochromator so verstellt, dass er nacheinander alle Wellenlängen von 400cm-1 bis 4000cm-1 abfährt. Parallel dazu zeichnet der Detektor auf wie durchlässig die Probe im Vergleich zur Referenz bei der jeweiligen Wellenlänge ist.

IR-Spektrometer liefern ein Diagramm, in dem die Durchlässigkeit einer Probe für IR-Strahlung als Funktion der Wellenlänge der IR-Strahlung dargestellt wird. Eine solche Darstellung nennt man IR-Spektrum. In Abbildung 50 ist ein IR-Spektrum von CO_2-Gas dargestellt.

Die Durchlässigkeit einer Probe, oft auch Transmission (Formelzeichen: τ) genannt, gibt den Bruchteil der Strahlung an, der die Probe durchdringen kann.

Transmission $\tau = 1$ heißt, die Probe ist für Licht vollständig durchlässig. $\tau = 0{,}5$ heißt, es geht die Hälfte des eingestrahlten Lichtes durch die Probe. Der Rest wird absorbiert. $\tau = 0$ heißt die Probe ist undurchlässig.

In der IR-Spektroskopie ist es üblich statt der Wellenlänge die Wellenzahl anzugeben. Die Wellenzahl gibt an, wie viele Wellenlängen auf einen Zentimeter passen. Die Wellenzahl hat die Einheit cm^{-1}.

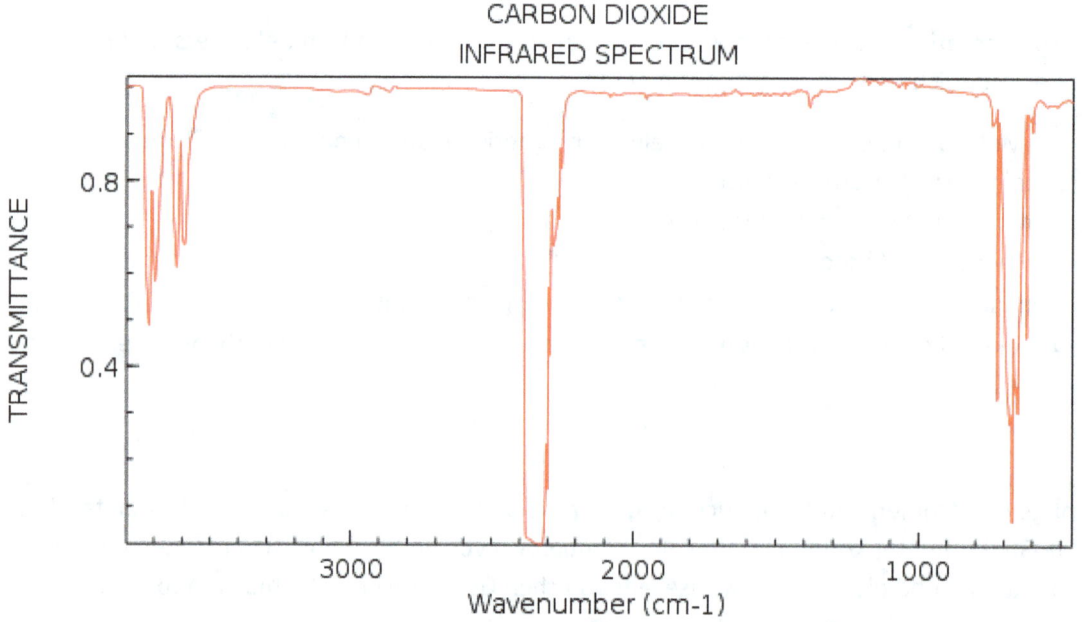

NIST Chemistry WebBook (http://webbook.nist.gov/chemistry)

Abbildung 50: IR-Spektrum von CO_2. Quelle: NIST

Im oben dargestellten IR-Spektrum des CO_2 kann man deutlich erkennen, dass in bestimmten Bereichen die Durchlässigkeit sehr gering ist. Für die Klimadiskussion interessiert uns nur die starke Absorption (bzw. niedrige Durchlässigkeit) bei der Wellenzahl ca. $666 cm^{-1}$. Wenn man diese Wellenzahl in Wellenlänge umrechnet, ergibt sich eine Wellenlänge von $\lambda = 0{,}01m/666 = 0{,}000015m = 15\mu m$.

Mit Hilfe der Plank-Gleichung und der Wellenlänge der absorbierten Photonen können wir uns einen Eindruck davon verschaffen welche Energien bei einem solchen Absorptionsvorgang umgesetzt werden. Für den Fall der $15\mu m$-Absorbtion des CO_2 ergibt sich.

$E = \frac{hc}{\lambda} = h\nu$ mit h = 6,626069 · 10⁻³⁴ J sec Planck'sches Wirkungsquantum, c: Lichtgeschwindigkeit (im Vakuum) c = 299792458m/s ≈ 3 · 10⁸m/s, λ: Wellenläng, ν: Frequenz

$$E = \frac{6{,}626069 * 10^{-34} J\,s * 3 * 10^8 m/s}{15 * 10^{-6} m} \approx 1.3 * 10^{-20} J$$

Was passiert, wenn CO_2 mit Infrarotlicht wechselwirkt?

Literatur dazu: H. Hug, *Chemische Rundschau*, 20. Febr., S. 9 (1998) ; 10. August 2012 Der anthropogene Treibhauseffekt – eine spektroskopische Geringfügigkeit von Heinz Hug
https://www.eike-klima-energie.eu/wp-content/uploads/2016/12/Hug-pdf-12-Sept-2012.pdf .

Wie schon angemerkt, können Treibhausgasmoleküle Photonen der IR-Strahlung absorbieren. Für den Fall des CO_2 sehen wir uns diesen Vorgang etwas genauer an.

CO_2 ist ein stabförmiges Molekül, in dem ein Kohlenstoffatom mit zwei Sauerstoffatomen verbunden ist (Abbildung 51). Um das Schwingungsverhalten des CO_2 zu verstehen, kann man sich die Bindungen zwischen den Atomen ähnlich wie Spiralfedern vorstellen. Die elastischen Eigenschaften der Bindungen lassen es zu, dass das Molekül Biegeschwingungen und Streckschwingungen (Valenzschwingungen) durchführt. Im CO_2-Molekül trägt das Kohlenstoffatom (in der Mitte des Moleküls) eine schwache positive Ladung. Die an den Molekülenden befindlichen Sauerstoffatome tragen schwache negative Ladungen.

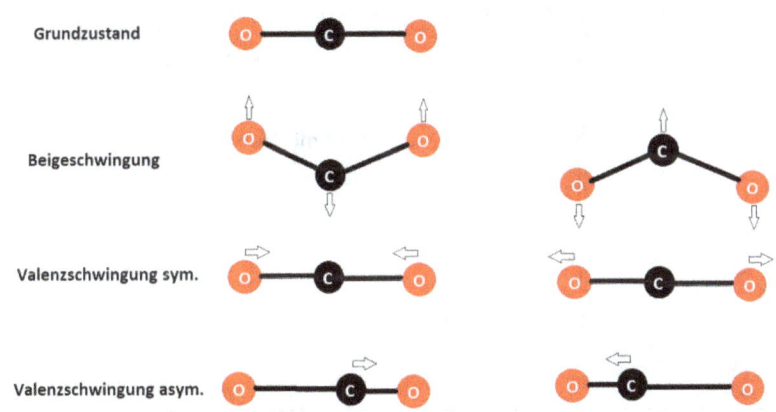

Abbildung 51: Schwingungsmöglichkeiten des CO_2-Moleküls. Biegeschwingung: absorbiert bei 666cm⁻¹, als Notation für diesen Zustand wird oft die Abkürzung (01¹0) verwendet; die symmetrische Valenzschwingung: ist nicht IR-aktiv (Raman bei 1366cm⁻¹), die asymmetrische Valenzschwingung: absorbiert stark bei 2349cm⁻¹

Bei der Biegeschwingung und bei der asymmetrischen Valenzschwingung verschiebt sich der Ladungsschwerpunkt des Moleküls. D.h. diese Schwingungen erzeugen ähnlich wie eine Stabantenne wechselnde elektrische Felder. Daher sollten auch CO_2-Moleküle elektromagnetische Strahlung (Wärmestrahlung) absorbieren und wieder aussenden können.
Das macht das CO_2 auch. Aber während eine an einer Spiralfeder schwingende Masse einen weiten Bereich an Energien aufnehmen und abgeben kann, kann jede Schwingungsart des CO_2-Moleküls nur ganz bestimmte Energiebeträge aufnehmen oder abgeben. Man spricht hier von Energiequantelung. Mehr dazu findet man in Spektroskopielehrbüchern wie z.B. Hesse/Meier/Zeeh.
Im IR-Spektrum des CO_2 erkennt man die Wellenlängen/Wellenzahlen, bei denen die CO_2-Moleküle Energie aus der eingestrahlten IR-Strahlung absorbieren daran, dass die Durchlässigkeit der Probe (Transmission) bei diesen Wellenlängen geringer wird.
Die asymmetrische Streckschwingung des CO_2 absorbiert bei einer Wellenzahl von 2349cm⁻¹ in einem Bereich, in dem die Atmosphäre sowieso undurchlässig für IR-Strahlung ist. Sie spielt deshalb in der Klimadiskussion keine Rolle.

Nur die Biegeschwingung des CO_2, die bei der Wellenzahl 666cm^{-1}, d.h. bei einer Wellenläge von ca. λ = 15µm, absorbiert, liegt in einem Bereich, in dem die Atmosphäre, laut IPCC, nicht ganz undurchlässig ist.

In Abbildung 51 ist die 666cm^{-1} Absorptionsbande in hoher Auflösung dargestellt. Links und rechts von dieser Bande liegen mehrere kleine Absorptionen, die dadurch zustande kommen, dass die Biegeschwingung des CO_2-Moleküls von Drehbewegungen des CO_2-Moleküls überlagert wird (sog. Rotationsseitenbanden).

Um zu zeigen wie sich die Anwesenheit anderer Gasmoleküle auf das Absorptionsverhalten von CO_2-Molekülen auswirkt, wurden in Abbildung 52 drei CO_2-Spektren mit verschiedenen Gasbeimischungen übereinandergelegt. Bei allen drei Spektren war die gleiche Anzahl von CO_2-Molekülen im Strahlengang des Spektrometers. Es wurde reines CO_2, CO_2 verdünnt mit Helium und CO_2 verdünnt mit Stickstoff gemessen. **Man erkennt, dass die Stärke der CO_2-Absorptionsbande stark davon abhängt, welche Gase neben CO_2 in der Probe enthalten sind.**

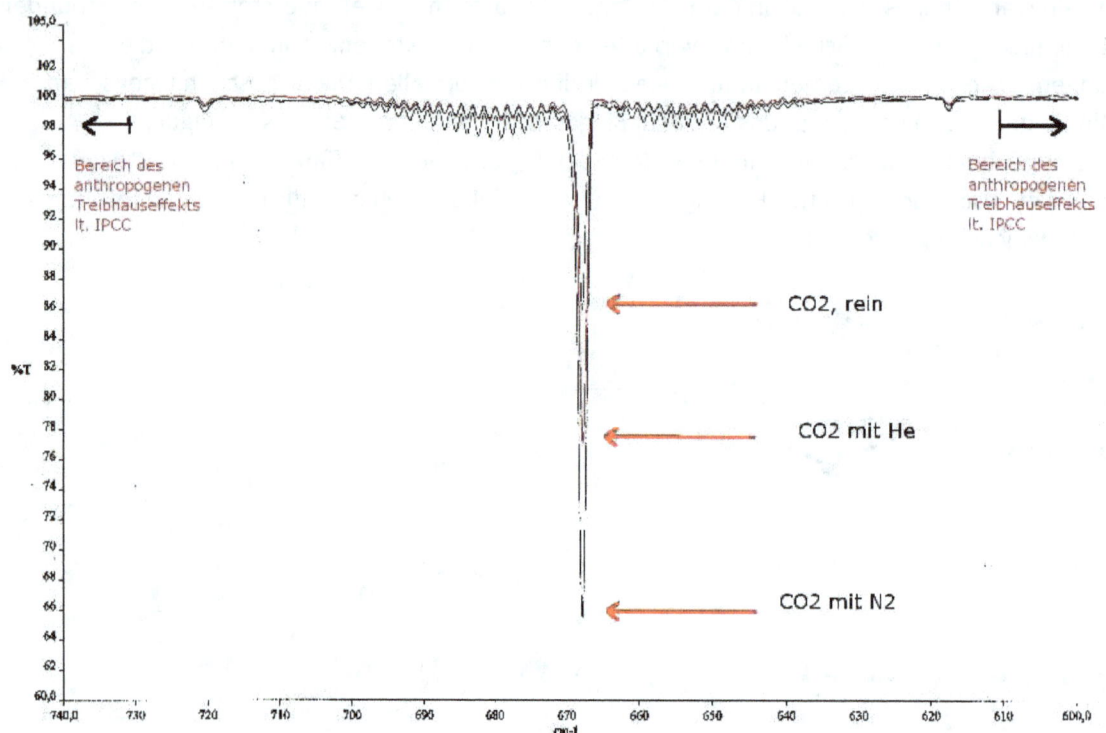

Abbildung 52: Quelle H.Hug: CO_2-Absorbtionsbande bei 666cm^{-1} gemessen in reinem CO_2, in Mischung mit Helium und in Mischung mit Stickstoff. Bei allen Messungen ist die gleiche Zahl von CO_2-Molekülen in der Probe, https://www.eike-klima-energie.eu/wp-content/uploads/2016/12/Hug-pdf-12-Sept-2012.pdf

Dieser Effekt ist von zentraler Bedeutung für den Wärmetransport in der Erdatmosphäre. Um zu verstehen, wie dieser Effekt zustande kommt, müssen wir die folgenden Vorgänge besprechen:
- Absorption und Emission von 15µm-IR-Strahlung durch CO_2
- Absorption und Thermalisierung von 15µm-IR-Strahlung durch CO_2
- Thermische Anregung und Emission von 15µm-IR-Strahlung durch CO_2

Absorption und Emission von 15µm-IR-Strahlung durch CO_2

Wenn ein CO_2-Molekül von einem Photon mit der Wellenlänge 15µm getroffen wird, kann es die Energie dieses Photons aufnehmen. Dabei geht es von seinem Grundzustand, in dem es nicht schwingt, in einen Zustand höherer Energie (angeregter Zustand, oft abgekürzt als (01^{1}0)) über, in dem es die oben beschriebene Biegeschwingung ausführt. In diesem angeregten Zustand speichert das CO_2-Molekül die Energie des absorbierten Photons in Form von Schwingungsenergie (siehe Energiediagramm Abbildung 53). Dieser angeregte Zustand ist für eine kurze Zeitspanne stabil. Wenn das CO_2-Molekül in seinen Grundzustand zurückkehrt, gibt es wieder ein Photon ab und hört auf zu schwingen. Die Abgabe des Photons erfolgt zufällig in irgendeine Raumrichtung.

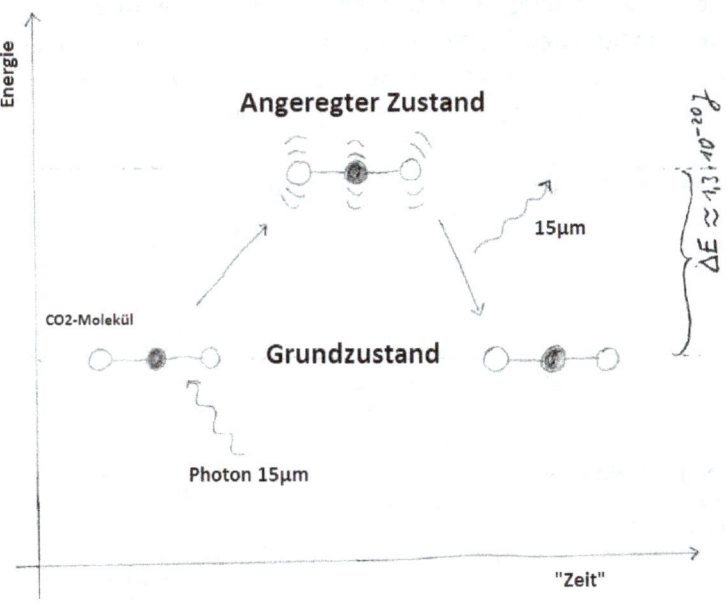

Abbildung 53: Energiediagramm Anregung CO2-Molekül

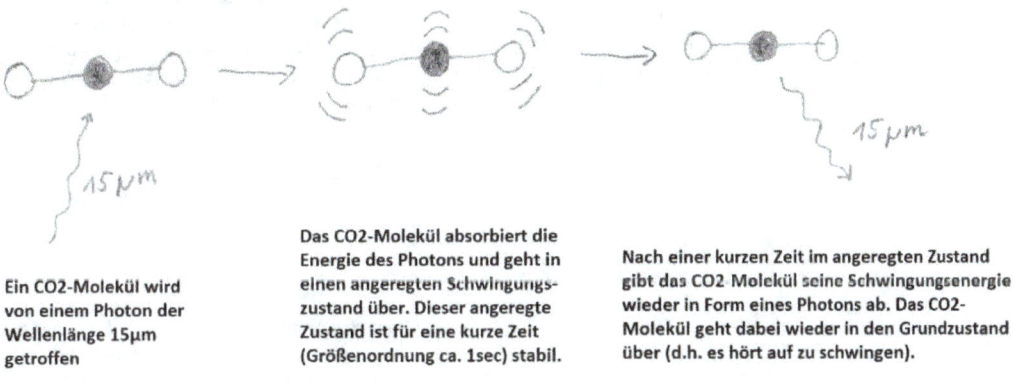

Abbildung 54: Absorption und Emission eines Photons durch CO2

Wichtig ist dabei, dass CO_2 nur aus seinem Grundzustand 15µm-Strahlung absorbieren kann. Der angeregte Zustand kann keine 15µm-Strahlung absorbieren.

Eine quantenmechanische Beschreibung solcher Vorgänge findet man unter A. Einstein, Physikalische Zeitschrift 18, 121, 1917 The Quantum Theory of Radiation; http://web.ihep.su/dbserv/compas/src/einstein17/eng.pdf . In der HITRAN-Datenbank (https://www.spectralcalc.com/spectral_browser/db_data.php) findet man die Konstanten, die diesen Vorgang beschreiben. Für die stärkste Absorption des CO_2 ist dort eine Zerfallskonstante von $K_d = 1,542 s^{-1}$ angegeben, woraus sich eine Halbwertszeit des angeregten CO_2-(01^10) Schwingungszustandes von ca. 0,45s ergibt. Also eine „Lebensdauer" in der Größenordnung von etwa 0,1sec bis 1sec. Die Berechnung diese Halbwertzeit wird später im Kapitel „ Stabilität des angeregten Schwingungszustandes (01^10) des CO_2" vorgeführt.

Absorption und Thermalisierung von 15µm-IR-Strahlung durch CO_2

Wenn ein CO_2-Molekül im angeregten Zustand mit einem anderen Gasmolekül zusammenstößt, kann seine Schwingungsenergie auf das stoßende Gasmolekül übertragen werden (Abbildung 55). Nach diesem Zusammenstoß ist das CO_2-Molekül wieder in seinen Grundzustand zurückgekehrt. Es kann dann wieder ein passendes Photon absorbieren.

Das Molekül, das mit dem angeregten CO_2 zusammengestoßen ist, setzt dabei die auf es übertragene Energie in Bewegungsenergie um. D.h. das am Stoß beteiligte Gasmolekül bewegt sich nach dem Zusammenstoß mit dem angeregten CO_2-Molekül schneller als vor dem Zusammenstoß.

Da die Temperatur ein Maß dafür ist, wieviel Bewegungsenergie die Moleküle eines Gases haben, wird das Gas bei diesem Vorgang wärmer.

Es wird also Wärmestrahlung in Molekülbewegung d.h. Wärme überführt. Diese Umwandlung von Strahlungsenergie in Wärme wird auch „**Thermalisierung**" genannt.

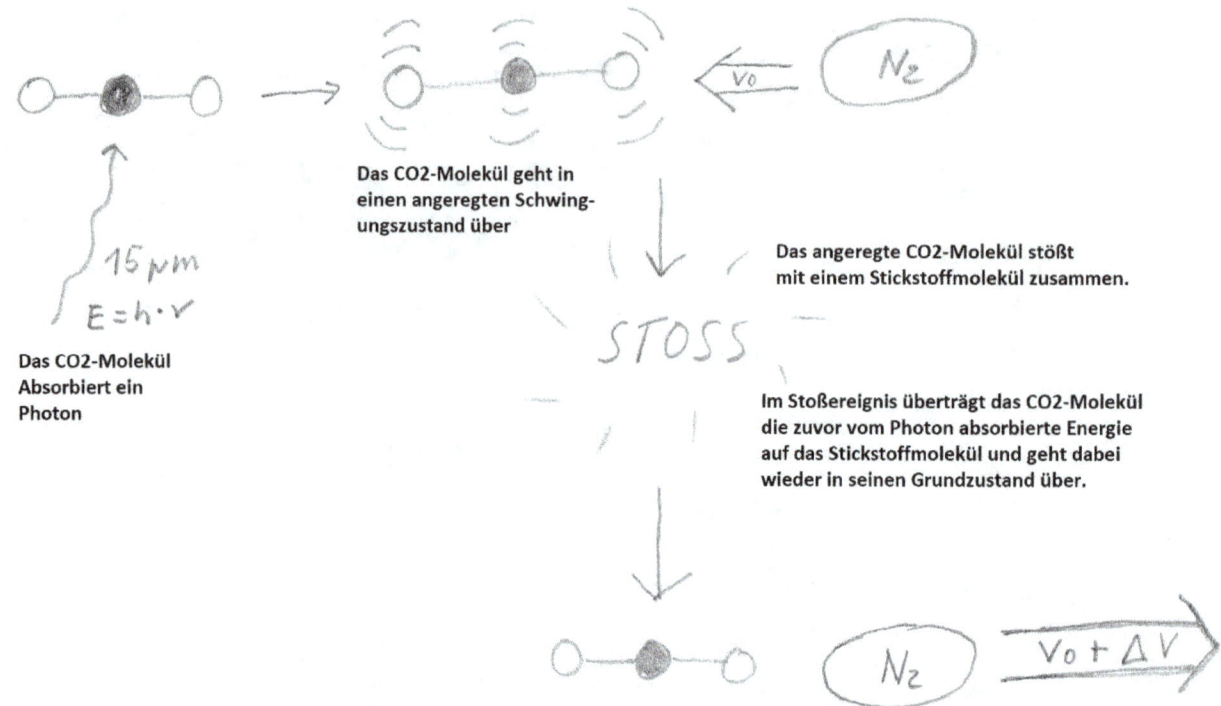

Abbildung 55: Thermalisierung

Thermische Anregung und Emission von 15µm-IR-Strahlung durch CO_2

Auch der umgekehrte Vorgang ist möglich. Ein im Grundzustand befindliches CO_2-Molekül nimmt bei einem Zusammenstoß mit einem anderen Gasmolekül so viel Energie auf, dass es in den angeregten Zustand übergeht. Anschließend kann es ein Photon aussenden und wieder in seinen Grundzustand zurückkehren. Bei diesem Vorgang wird Bewegungsenergie der Gasmoleküle in Wärmestrahlung umgewandelt. **Das Gas kühlt dabei ab**. Dieser Vorgang wird **thermisch angeregte Emission** genannt (Abbildung 56).

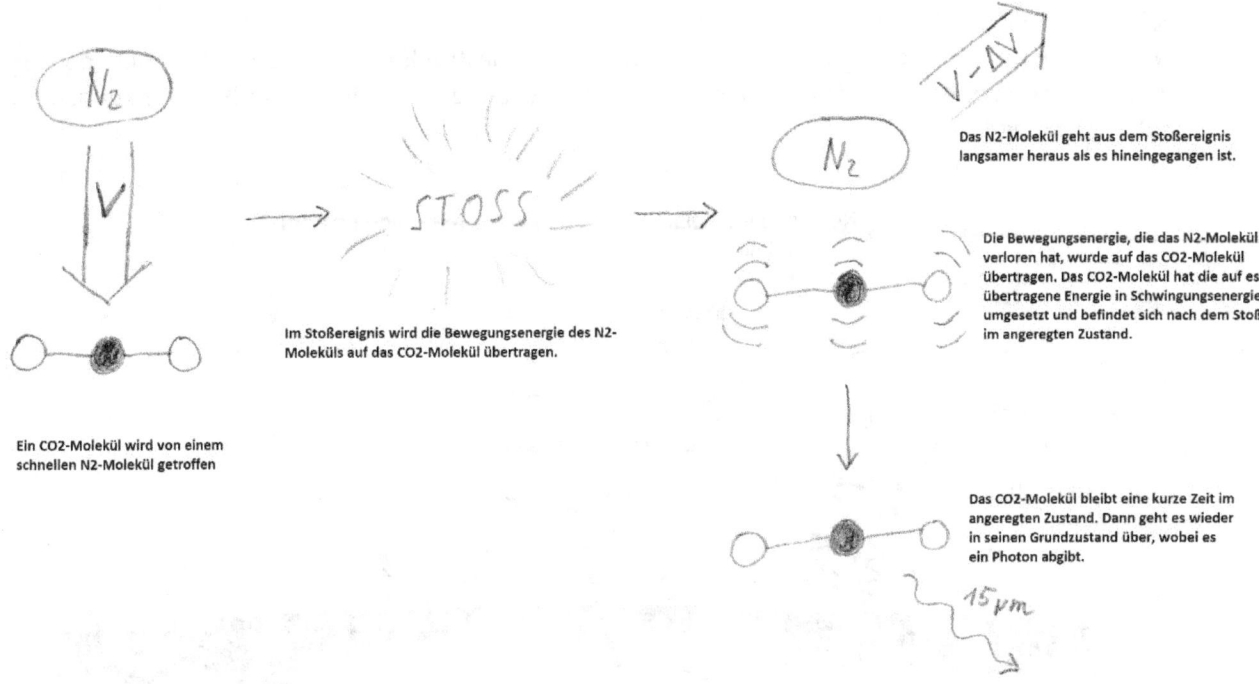

Abbildung 56: Thermisch angeregte Emission

Andere Treibhausgasmoleküle wie zum Beispiel Wasser, Methan, Schwefelhexafluorid, usw. Verhalten sich im Prinzip genauso.

Weil es so wichtig ist, will ich nochmal kurz zusammenfassen, wie Treibhausgasmoleküle mit IR-Strahlung der passenden Wellenlänge wechselwirken können.

1. **Treibhausgasmoleküle können IR-Strahlung mit geeigneter Wellenlänge absorbieren, die dabei aufgenommene Energie eine kurze Zeit speichern und dann wieder als IR-Strahlung in irgendeine Richtung abgeben.**
2. **Treibhausgasmoleküle können IR-Strahlung mit geeigneter Wellenlänge absorbieren und dann die absorbierte Energie an andere Gasmoleküle weitergeben. Dadurch erwärmt sich die Luft (Thermalisierung).**
3. **Treibhausgasmoleküle können beim Zusammenstoß mit anderen Luftmolekülen Energie aufnehmen und dann die auf sie übertragene Energie als IR-Strahlung abgeben. Dabei kann sich die Luft abkühlen (thermisch angeregte Emission).**

Jetzt wird verständlich wieso CO_2 in Mischung mit anderen Gasen stärker absorbiert als in seiner reinen Form. In Gasmischungen übertragen CO_2-Moleküle, nachdem sie IR-Strahlung absorbiert haben und sich im angeregten Zustand befinden, ihre Schwingungsenergie auf andere Gasmoleküle. Durch diese Energieübertragung auf andre Gasmoleküle eröffnet sich den CO_2-Molekülen, neben der Emission von IR-Strahlung ein alternativer, sehr schneller Weg, in ihren Grundzustand zurückzukehren. Daher ist in Gasmischungen der Anteil der im Grundzustand befindlichen CO_2-Moleküle größer als im reinen CO_2. Entsprechend beobachtet man in Gasmischungen eine stärkere CO_2-Absorption als in reinem CO_2.

Im reinen CO_2 kann ein CO_2-Molekül im angeregten Zustand seine Energie nur an andere CO_2-Moleküle weitergeben, die dabei ihrerseits in den angeregten Zustand übergehen können. In der Summe wird dabei der Anteil der im Grundzustand vorliegenden CO_2-Moleküle nicht größer. Deshalb ist die Absorptionsbande im reinen CO_2 schwächer als in Mischungen mit anderen Gasen (Abbildung 52).

„IPCC-Treibhauseffekt" auf Molekülebene

Nachdem wir nun eine grobe Idee davon haben, wie Wärmestrahlung und Gasmoleküle miteinander wechselwirken, sehen wir uns an, wie der atmosphärische Treibhauseffekt, laut IPCC, funktionieren **soll** (Abbildung 57).

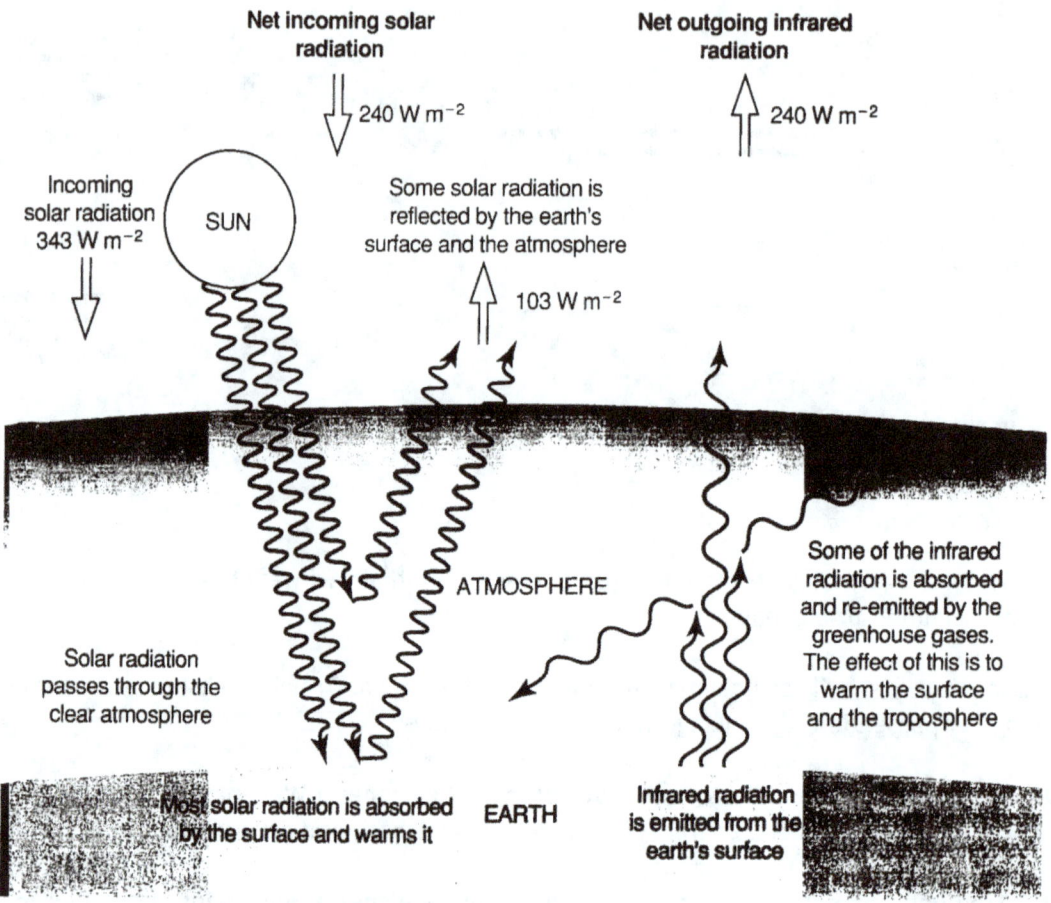

Figure 1: A simplified diagram illustrating the global long-term radiative balance of the atmosphere. Net input of solar radiation (240 Wm^{-2}) must be balanced by net output of infrared radiation. About a third (103 Wm^{-2}) of incoming solar radiation is reflected and the remainder is mostly absorbed by the surface. Outgoing infrared radiation is absorbed by greenhouse gases and by clouds keeping the surface about 33 °C warmer than it would otherwise be.

Abbildung 57: Quelle: IPCC-Report "Climate Change 1994 Radiative Forcing of Climate Change and An Evaluation of the IPCC IS92 Emission Scenarios", Seite 15 https://www.ipcc.ch/site/assets/uploads/2018/03/climate_change_1994-2.pdf

Kurzwelliges Sonnenlicht durchdringt die Atmosphäre und erwärmt die Erdoberfläche. Die warme Erdoberfläche gibt einen Teil der auf sie eingestrahlten Energie als Wärmestrahlung (IR-Strahlung) in Richtung Weltraum wieder ab.

Ein Teil dieser Wärmestrahlung entweicht durch die Atmosphäre in den Weltraum und lässt so die Erde abkühlen. Ein anderer Teil der Wärmestrahlung wird von Treibhausgasmolekülen absorbiert und dann wieder in eine zufällige Richtung abgestrahlt. Durch dieses Wiederabstrahlen in eine zufällige Richtung wird ca. die Hälfte der zuvor absorbierten IR-Strahlung wieder zum Erdboden und in die untere Atmosphärenschicht (Troposphäre) zurückgestrahlt. **Durch diese <u>Rückstrahlung</u> werden Erdoberfläche und Troposphäre erwärmt.** *Die andere Hälfte kann in den Weltraum entkommen.*

Wenn man nun die Konzentration der Treibhausgasmoleküle in der Atmosphäre erhöht steigt der Anteil der IR-Strahlung, die auf ihrem Weg in den Weltraum von Treibhausgasen absorbiert und zur Erde zurückgestrahlt wird. Dadurch wird der Treibhauseffekt verstärkt und die Erde wird wärmer.

Ganz wichtig ist dabei, dass die Erderwärmung durch die Rückstrahlung der Treibhausgase auf Erdoberfläche und Troposphäre zustandekommen soll und nicht irgendwie durch „warme Luft".

Eigentlich hört sich das recht plausibel an. Aber nach dem zuvor zur strahlungslosen Deaktivierung angeregter Zustände (Thermalisierung) Gesagten, kann man erahnen, dass dieses Modell nicht ganz der Wirklichkeit entspricht.
Auch die Messung der Durchlässigkeit der Atmosphäre für IR-Strahlung vermittelt ein anderes Bild.

Sättigung, Reichweite der 15µm-Strahlung

Jeder, der versucht hat eine schwarze Wand weiß anzustreichen, hat folgende Beobachtung gemacht: Nach dem ersten Anstrich ist die Wand dunkelgrau. Nach dem zweiten Anstrich grau. Bei den folgenden Anstrichen wird die Wand immer heller und irgendwann ist ein Punkt erreicht an dem ein weiterer Anstrich die Wand nicht mehr weißer werden lässt. Die ersten Anstriche machen die Wand deutlich weißer. Bei den letzten Anstrichen muss man schon genau hinsehen um einen Unterschied zum vorherigen Anstrich zu erkennen.
Einen ähnlichen Effekt beobachtet man auch, wenn man die Konzentration eines Treibhausgases in der Atmosphäre erhöht. Diesen Effekt will ich beispielhaft am CO_2 erklären (Abbildung 58). Wenn die Atmosphäre kein CO_2 enthält, können die IR-Frequenzen, die CO_2 absorbiert ungehindert in den Weltraum entweichen (Bild 1). Wenn man nun eine kleine Menge CO_2 in die Atmosphäre gibt, wird jedes CO_2-Molekül von der IR-Strahlung getroffen und kann Strahlung absorbieren (Bild 2). Wenn man die CO_2-Konzentration weiter erhöht, kommt es vor, dass manche CO_2-Moleküle sich im „Schatten" anderer CO_2-Moleküle bewegen. Bei dieser CO_2-Konzentration erhöht nicht mehr jedes zusätzliche CO_2-Molekül die Absorptionswirkung (Bild 3). Wenn man die CO_2-Konzentration weiter erhöht, kommt man zu einer CO_2-Konzentration, bei der eine praktisch vollständige Absorption erreicht ist. Eine weitere Erhöhung der CO_2-Konzentration bewirkt dann praktisch keine weitere Erhöhung der Absorption (Bild 4). Die Atmosphäre ist dann praktisch undurchlässig für die vom CO_2 absorbierte IR-Strahlung. Diesen Zustand nennt man Sättigung. Wenn die Sättigungskonzentration des CO_2 erreicht ist, führt eine weitere Erhöhung der CO_2-Konzentration zu keiner messbaren Erhöhung der IR-Absorption (und damit des Treibhauseffektes).

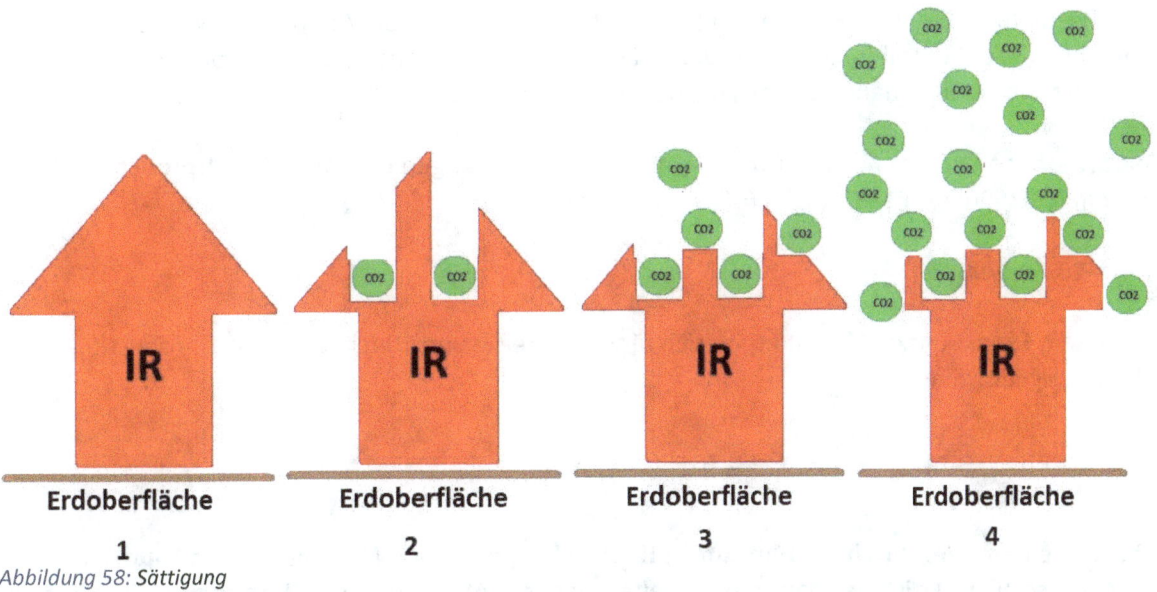

Abbildung 58: Sättigung

Diese Abhängigkeit der Durchlässigkeit eines Mediums von der Konzentration eines absorbierenden Bestandteils des Mediums wird durch das Lambert-Beersche Gesetz beschrieben (aus den Jahr 1852, also nix Neues). Es lautet:

$E_\lambda = \log_{10}(I_0/I) = \varepsilon_\lambda\, C\, d$ mit E_λ: Extinktion bei der Wellenlänge λ, I_0: eingestrahlte Lichtintensität, I: Intensität die durch das Medium hindurchgeht, ε_λ: Extinktionskoeffizient, C: Konzentration des absorbierenden Stoffes, d: Schichtdicke des Mediums, die das Licht durchdringen muss

Oder als Exponentialfunktion:

$$\tau = \frac{I}{I_0} = 10^{-\varepsilon_\lambda C d}$$ mit τ: Transmission, siehe Graph Abbildung 59

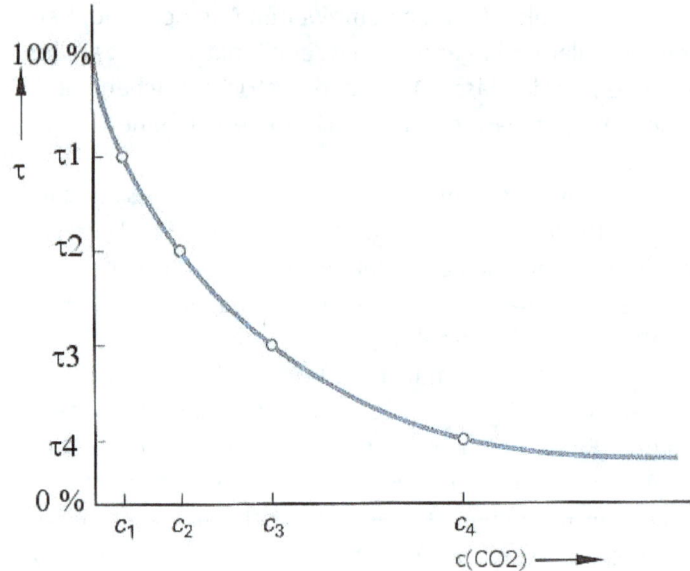

Abbildung 59: Quelle H.Hug: Abhängigkeit der Transmission („prozentuale Durchlässigkeit") von Luft von der CO_2-Konzentration, https://www.eike-klima-energie.eu/wp-content/uploads/2016/12/Hug-pdf-12-Sept-2012.pdf

Wie man im Graph Abbildung 58 sieht ändert sich die Transmission (Durchlässigkeit) kaum noch wenn bestimmte CO_2-Konzentrationen überschritten werden. D.h. die Atmosphäre wird sehr schnell undurchlässig für IR-Strahlung mit der Wellenlänge 15µm. Eine weitere Erhöhung der CO_2-Konzentration verkürzt dann nur noch die Reichweite der 15µm-Strahlung in der Atmosphäre.

Heinz Hug hat den Extinktionskoeffizient ε_λ durch Labormessungen bestimmt. In Luftproben mit 357ppm (0,0159mol/m³) CO_2 und 2,6% Wasser erhält er:

$\varepsilon_{15\mu m}$ = 20,2 m²/mol

Mit diesem Extinktionskoeffizient ergibt sich für eine Strecke von 10m in Luft eine Transmission (Durchlässigkeit) von

$$\tau = \frac{I}{I_0} = 10^{-20{,}2\frac{m^2}{mol} * 0{,}0159\frac{mol}{m^3} * 10m} = 10^{-3{,}21} = 0{,}0006$$

D.h. nach einem Weg durch ca. 10m Luft ist IR-Strahlung mit einer Wellenlänge von 15µm zu 99,94% absorbiert. Es ist also davon auszugehen, dass die Atmosphäre im Bereich der 15µm Bande des CO_2 praktisch undurchlässig für IR-Strahlung ist. Eine Erhöhung der CO_2-Konzentration kann deshalb keine weitere Erhöhung der Absorption bewirken. Eine Verstärkung des Treibhauseffektes ist deshalb bei einer Erhöhung der CO_2-Konzentration in der Atmosphäre nicht möglich.

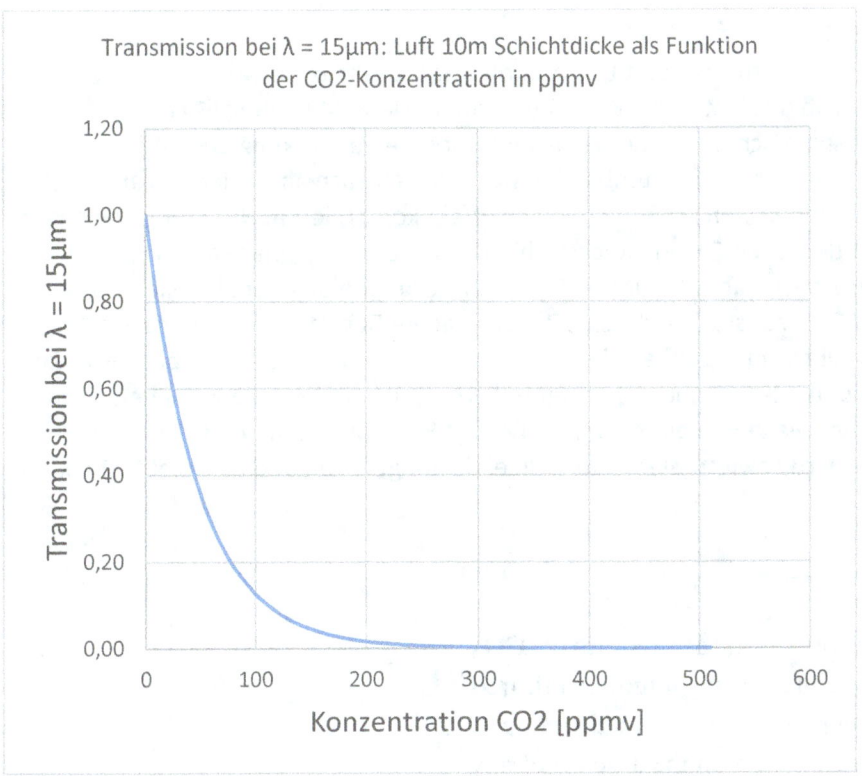

Abbildung 60: Transmission (Durchlässigkeit) einer „bodennahen" 10m dicken Luftschicht als Funktion der CO_2-Konzentration, berechnet mit dem von Hug ermittelten $\varepsilon_{15\mu m} = 20{,}2\ m^2/mol$.

Wie in Abbildung 60 zu erkennen, ist auch schon bei den vielzitierten vorindustriellen 280 ppmv CO_2 die 15µm-Absorbtion in der Sättigung.

Eine Rückstrahlung von 15µm-Strahlung aus der Atmosphäre auf die Erdoberfläche ist daher auf eine wenige Meter messende Bodenschicht begrenzt (siehe Abbildung 61).

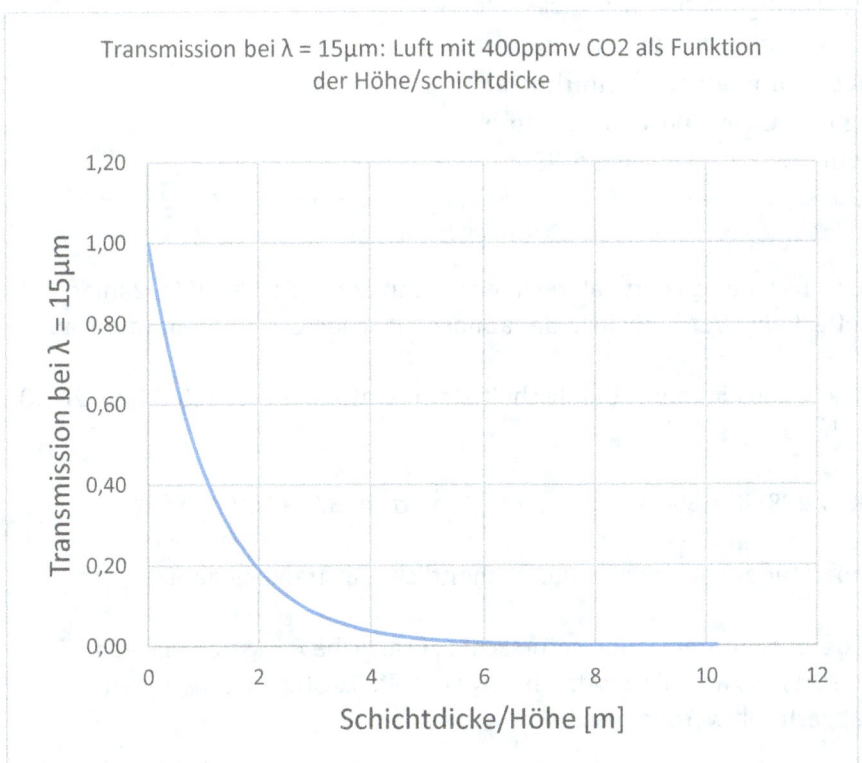

Abbildung 61: Transmission (Durchlässigkeit) einer „bodennahen" Luftschicht als Funktion der Schichtdicke bzw. Höhe, berechnet mit dem von Hug ermittelten $\varepsilon_{15\mu m} = 20{,}2\ m^2/mol$.

Versuche den Treibhauseffekt zu retten

Beim IPCC ist man sich dieses Problems bewusst und argumentiert deshalb, dass die Rotationsseitenbanden oberhalb und unterhalb der 15µm-Bande (siehe Abbildung 52) bei einer weiteren Erhöhung der atmosphärischen CO_2-Konzentration für eine Verstärkung des Treibhauseffektes sorgen. Da die Rotationsseitenbanden nur sehr schwach absorbieren, kann auch der IPCC aus diesen Absorptionen keinen großen Treibhauseffekt konstruieren. Nach IPCC soll das aktuell in der Atmosphäre enthaltene CO_2 eine Rückstrahlung aus der Atmosphäre auf die Erdoberfläche von ca. 32W/m² verursachen. Für den Fall einer Verdoppelung der aktuellen CO_2-Konzentration, schätzt der IPCC, dass sich die durch CO_2 verursachte Rückstrahlung um ca. 4W/m² erhöht (siehe Abbildung 62). Die schöne runde Zahl 4W/m² lässt erahnen, dass es sich bei dieser Zahl eher um eine Schätzung handelt, als um eine experimentell ermittelte Größe. Wie wir sehen werden, ist es auch gar nicht so wichtig, wie genau diese Zahl ist. Bei der Berechnung der dadurch verursachten Erderwärmung wird sowieso die vierte Wurzel davon gezogen und es bleibt fast nix mehr übrig.

16

> For example, an increase in atmospheric CO_2 concentration leads to a reduction in outgoing infrared radiation and a positive radiative forcing. **For a doubling of the pre-industrial CO_2 concentration, in the absence of any other change, the global mean radiative forcing would be about 4 Wm⁻². For balance to be restored, the temperature of the troposphere and of the surface must increase, producing an increase in outgoing radiation. For a doubling of CO_2 concentration, the increase in surface temperature at equilibrium would be just over 1 °C, if other factors (e.g., clouds, tropospheric water vapour and aerosols) are held constant.** Taking internal feedbacks into account, the 1990 IPCC report estimated that the increase in global average surface temperature at equilibrium resulting from a doubling of CO_2 would be likely to be between 1.5 and 4.5 °C, with a best estimate of 2.5 °C.

Abbildung 62: Quelle: IPCC Report, Climate Change 1994 Radiative Forcing of Climate Change And An Evaluation of the IPCCIS92 Emission Scenarios, Seite 16 https://www.ipcc.ch/site/assets/uploads/2018/03/climate_change_1994-2.pdf

Weil es doch einen gewissen Unterhaltungswert hat, rechnen wir mit den offiziellen IPCC-Zahlen, durch welchen Erwärmungseffekt eine Verdoppelung der atmosphärischen CO_2-Konzentration laut IPCC haben sollte.
Dazu gehen wir mit der vom IPCC „bestimmten" Durchschnittstemperatur der Erde (15°C bzw. 288K) in die Stefan-Boltzmann-Gleichung.

$P/A = \sigma T^4 = 5{,}67 \times 10^{-8} \, Wm^{-2}K^{-4} \times 288^4 \, K^4 = 390 W/m^2$ mit $\sigma = 5{,}670 \times 10^{-8} \, Wm^{-2}K^{-4}$

Mit dieser Durchschnittstemperatur ergibt sich eine durchschnittliche Abstrahlung der Erde von 390W/m².
Die durch die Verdoppelung der CO_2-Konzentration verursachte zusätzliche Rückstrahlung von 4W/m² addieren wir zu den 390W/m², weil die zusätzlich eingestrahlte Leistung im thermischen Gleichgewicht auch wieder abgestrahlt werden muss.

$$T = \sqrt[4]{\frac{P}{\sigma A}} = \sqrt[4]{\frac{394}{5{,}67 * 10^{-8}}} K = 288{,}7 K = 15{,}7°C$$

Die Verdoppelung der atmosphärischen CO_2-Konzentration bewirkt mit den offiziellen IPPC-Zahlen/Annahmen eine Erhöhung der Weltdurchschnittstemperatur um 0,7°C.

0,7°C Erhöhung der globalen Durchschnittstemperatur hört sich wirklich nicht nach Klimakrise oder Katastrophe an. Und auch ohne UN-Weltregierung wird die Menschheit mit dieser Erwärmung gut zurechtkommen.

Wasserdampfrückkopplung
Für die UN gibt es, außer Infektionskrankheiten und vielleicht irgendwann noch ein Angriff der Außerirdischen, wenig Alternativen zum CO_2. Wer den CO_2-Ausstoß kontrolliert, kontrolliert die Welt. Um die CO_2-Story zu retten, hat man eine positive Rückkopplung durch Wasserdampf erfunden. Diese Rückkopplung soll den eher mageren direkten Erwärmungseffekt des CO_2-Anstieges auf 2,5 bis 4,5°C verstärken (siehe Abbildung 61).

Das soll folgendermaßen funktionieren:
1. Erhöhung der CO_2-Konzentration bewirkt eine geringe Erhöhung der „Weltdurchschnittstemperatur".
2. Die geringe Erhöhung der Weltdurchschnittstemperatur bewirkt eine stärkere Verdunstung von Wasser (davon gibt es nämlich sehr viel auf der Welt) und damit eine höhere Wasserdampfkonzentration in der Atmosphäre.
3. Wasserdampf ist ein Treibhausgas. Mehr Wasserdampf in der Atmosphäre bewirkt noch mehr Rückstrahlung und damit „Treibhauserwärmung".
4. Die nun höhere Lufttemperatur erlaubt es der Atmosphäre noch mehr Wasser aufzunehmen (Clausius-Clapeyron-Gleichung).
5. Usw....

Im IPCC-Report, CLIMATECHANGE 2001: THE SCIENTIFIC BASIS, *7.2.1 Physics of the Water Vapour and Cloud Feedbacks* https://www.ipcc.ch/site/assets/uploads/2018/03/TAR-07.pdf , ist diese Rückkopplung etwas ausführlicher beschrieben.

Der aufmerksame Leser ahnt schon, wie das enden muss. **Laut IPCC ist das Klima der Erde ein sehr instabiles System, das auf kleinen Störungen mit einem „run away global warming" reagiert.**

Gibt es diese positive Rückkopplung durch Wasserdampf wirklich?

Die Eisbohrkerndaten vermitteln nicht das Bild einer positiven Rückkopplung (Abbildung 23). Wenn es diese positive Wasserdampfrückkopplung wirklich gäbe, müsste man am Ende jeder Eiszeit ein „run away global warming" in den Eisbohrkerndaten beobachten können. Das ist nicht der Fall. Außerdem ist es nicht zu verstehen, wie überhaupt ein Klimasystem, das starke positive Rückkopplungen enthält, über Jahrtausende verhältnismäßig stabil sein kann.
Die Erfahrung lehrt sogar das Gegenteil. An Tagen mit hoher Luftfeuchte kommt es meist zu mehr Wolkenbildung. Wolkenbildung dämpft sehr stark den Temperaturanstieg und bewirkt meist eine Abkühlung. **D.h. der IPCC will uns eine negative Rückkopplung, die den Temperaturanstieg dämpft als positive Rückkopplung, die in die Klimakatastrophe führt, verkaufen.**

Mit Verweis auf den Sättigungseffekt müsste man eigentlich die CO_2-Diskussion sofort beenden. Aber weil es hier nicht um CO_2 sondern um Macht geht, konstruiert die IPCC-Klimawissenschaft einen Strahlungstransportmechanismus, der es der vom CO_2 absorbierten Wärmestrahlung doch irgendwie erlauben soll von der Erdoberfläche ins Weltall zu entweichen, bzw. aus der Atmosphäre Richtung Erdoberfläche zurückgestrahlt zu werden. Diesen Mechanismus beschreibt man mit der Strahlungstransportgleichung.

Strahlungstransportgleichung

Wie das funktionieren soll, kann man sich in entsprechenden Lehrbüchern ansehen (z.B. **Radiative Transfer In The Atmosphere And Ocean, Knut Stamnes, Gary E. Thomas, Jakob J. Stamnes**). Eine übersichtliche Herleitung und Integration dieser Gleichung von Ross Bannister findet man unter diesem Link: http://www.met.reading.ac.uk/~ross/Science/RadTrans.pdf

Ich werde hier nur oberflächlich beschreiben, wie man mit Hilfe der Strahlungstransportgleichung versucht den Treibhauseffekt zu „retten".

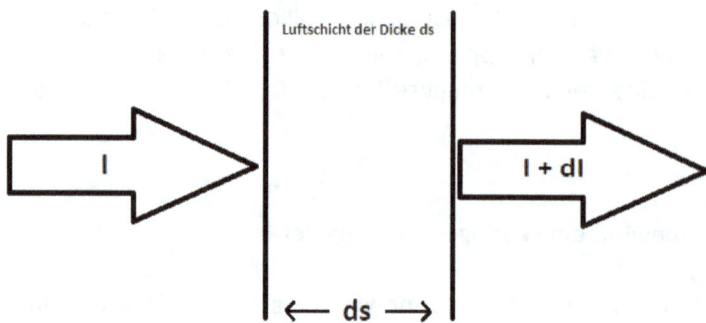

Abbilgung 63: Strahlungstransport durch die Atmosphäre

Wir betrachten einen Lichtstrahl mit der Wellenlänge λ und der spezifischen Intensität I_λ, der von der Erdoberfläche Richtung Weltraum ausgesandt wird (Abbildung 63).
Auf seinem Weg durch die Atmosphäre wird der Strahl durch Emission der in der Luft enthaltenen Treibhausgase verstärkt. Gleichzeitig wird er durch Absorptionsvorgänge und Streuung geschwächt. Für die Änderung der spezifischen Intensität dI_λ auf der Strecke ds ergibt sich damit.

$$\frac{dI_\lambda}{ds} = spezifische\ Emission\ der\ Wellenlänge\ \lambda - spezifische\ Absorbtion/Streuung\ der\ Wellenlänge\ \lambda$$

$$\frac{dI_\lambda}{ds} = j_\lambda - \varepsilon_\lambda I_\lambda$$

Dieser einfache Zusammenhang wird Strahlungstransportgleichung genannt.

Die Lösung der Strahlungstransportgleichung ist nicht ganz trivial und eröffnet die Möglichkeit Randbedingungen einfließen zu lassen, die einen Strahlungstransport auf den „IR-Treibhausgas-Frequenzen" durch die Atmosphäre in den Weltraum und eine entsprechende Rückstrahlung erlauben.

Oft wird stillschweigend eine **Erhaltung der Strahlungsenergie** vorausgesetzt. Das heißt die Strahlungsenergie kann von einem Treibhausmolekül zum nächsten weitergegeben werden.

Diese Voraussetzung ist nicht erfüllt. **In der Molekül-Spektroskopie gibt es keinen „Strahlungsenergieerhaltungssatz".** Wie oben erwähnt kann ein durch Absorption von Strahlungsenergie angeregtes Molekül, die von der Strahlung aufgenommene Energie als Wärmeenergie an andere Gasmoleküle weitergeben, bevor es die Energie wieder als Strahlung abgibt.

In Luft sind Treibhausgasmoleküle sehr stark mit Stickstoff und Sauerstoff verdünnt. D.h. wenn angeregte Treibhausgasmoleküle bei einem Zusammenstoß ihre Anregungsenergie an ihren Stoßpartner weitergeben, wird die Anregungsenergie praktisch immer auf Stickstoff- oder

Sauerstoffmoleküle übertragen. Stickstoff- und Sauerstoffmoleküle können die aufgenommene Energie nicht mehr als IR-Strahlung abgeben. Sie setzen die beim Stoß mit dem angeregten Treibhausgasmolekül gewonnene Energie in Bewegungsenergie, d.h. in Wärme um.

In den unteren Schichten der Atmosphäre ist die Dichte der Luft recht hoch. Die hohe Dichte bewirkt, dass die Gasmoleküle hier in zeitlich sehr kurzer Folge miteinander zusammenstoßen (Größenordnung 10^{10} Stöße pro Sekunde und Molekül). Dadurch wird hier die strahlungslose Deaktivierung angeregter Zustände von Treibhausgasmolekülen zum bestimmenden Prozess (Thermalisierung, die angeregten Zustände haben nicht genug Zeit, die absorbierte Strahlung wieder abzustrahlen). Dementsprechend ist eine nennenswerte Rückstrahlung der Atmosphäre zur Erdoberfläche im Frequenzbereich der Treibhausgasabsorptionen nicht möglich. Es kann deshalb keinen atmosphärischen Treibhauseffekt geben.

Die in Bodennähe durch Thermalisierung freigesetzte Wärme setzt Konvektionsströmungen in Gang, die die Wärme in hohe Schichten der Atmosphäre transportieren (Thermik).

In großen Höhen ist die Luftdichte sehr niedrig. Gasmoleküle stoßen entsprechend selten mit anderen Gasmolekülen zusammen. Unter diesen Bedingungen haben angeregte Treibhausgasmoleküle wesentlich mehr Zeit um ihre Anregungsenergie als IR-Strahlung abzugeben. Außerdem wird durch die geringe Dichte der Luft in großer Höhe die Reichweite der von den Treibhausgasen ausgesendeten Strahlung größer. In großen Höhen wird so die Abstrahlung in den Weltraum (**thermisch angeregte Emission**) zu bestimmenden Prozess. Eine Rückstrahlung zur Erdoberfläche ist aus großen Höhen nicht möglich, weil diese IR-Frequenzen in den unteren/dichteren Bereichen der Atmosphäre praktisch vollständig absorbiert und in Wärme umgewandelt werden.

Für den Fluss der von der Erdoberfläche auf den Frequenzen der Treibhausgasabsorptionen abgegebenen IR-Strahlungsenergie ergibt sich folgendes Bild (Abbildung 66):
- Abstrahlung von der Erdoberfläche
- Absorption durch Treibhausgase und Thermalisierung in Bodennähe d.h. Umwandlung von Strahlungsenergie in Wärmeenergie
- Transport der Wärmeenergie in hohe Schichten der Atmosphäre durch Konvektions-strömungen
- In hohen Schichten der Atmosphäre Umwandlung der Wärmeenergie in Strahlungsenergie (thermisch angeregte Emission)
- Abstrahlung in den Weltraum

Bildlich gesprochen wirken die unteren, dichten Bereiche der Atmosphäre auf den Strahlungs-energiefluss auf den IR-Treibhausgasfrequenzen wie ein Rückschlagventil (Abbildung 66).

Nun kommen wir nochmal zurück zur Strahlungstransportgleichung und sehen uns an, welche Auswirkungen das eben Gesagte auf die Lösung der Strahlungstransportgleichung für die Erdatmosphäre hat. Statt die Gleichung vollständig zu lösen, sehen wir uns nur zwei Grenzfälle an.

Grenzfall 1: Spezifische Emission auf der Wellenläge λ, $j_\lambda = 0$.
In den unteren Schichten der Atmosphäre ist diese Randbedingung recht gut erfüllt, weil hier die praktisch vollständige Thermalisierung der angeregten Schwingungszustände der Treibhausgase in Kombination mit der kurzen Reichweite dieser Wellenlängen die Emission praktisch vollständig zum Erliegen bringt. Die Strahlungstransportgleichung vereinfacht sich hier zu:

$$\frac{dI_\lambda}{ds} = -\varepsilon_\lambda I_\lambda$$

Eine Lösung dieser Differentialgleichung ist das Lambert-Beersche Gesetz. Wie zuvor besprochen, ergeben sich daraus der Sättigungseffekt und die Undurchlässigkeit der unteren Atmosphäre für „IR-Treibhaus-Frequenzen".

Grenzfall 2: Spezifische Absorbtion/Streuung der Wellenlänge λ, $\varepsilon_\lambda I_\lambda = 0$.
In großen Höhen nimmt die Luftdichte ab. Dadurch wird die Reichweite der „IR-Treibhaus-Frequenzen" größer und die Thermalisierung verliert an Bedeutung, weil die Gasmoleküle hier nicht mehr so oft pro Zeiteinheit miteinander zusammenstoßen. Mit zunehmender Höhe ist die Randbedingung $\varepsilon_\lambda I_\lambda = 0$ immer besser erfüllt und die Strahlungstransportgleichung vereinfacht sich zu:

$$\frac{dI_\lambda}{ds} = j_\lambda$$

D.h. die thermisch angeregte Emission wird in großen Höhen zum dominierenden Prozess.

Anmerkung:
Auf der Erdoberfläche messbare „IR-Rückstrahlung" stammt aus einer nur wenige Meter messenden Sicht (Größenordnung der zuvor berechneten Reichweite der 15μm-Strahlung). Es handelt sich hierbei auch weniger um „Rückstrahlung" als um die thermisch angeregte Emission der in den unteren Luftschichten enthaltenen Treibhausmoleküle. Bei Temperaturen zwischen 15°C und 30°C haben ca. 3% bis 4% der Luftmoleküle ausreichend Bewegungsenergie um die 15μm-Schwingung des CO_2s anzuregen. Wie man diesen Anteil berechnet, wird weiter unten erklärt.

Satellitenmessungen bestätigen die Undurchlässigkeit der unteren Luftschichten für 15μm-Strahlung

In Abbildung 64 sind von Satelliten aufgenommene IR-Spektren der Erde dargestellt. Die gestrichelten Kurven zeigen jeweils die Ausstrahlung eines schwarzen Strahlers mit der in der Kurve angegebenen Temperatur. D.h. wenn in Spektrum b die Erde keine Atmosphäre oder eine Atmosphäre ohne Treibhausgase hätte, würde der Satellit die gestrichelte Kurve für 280K messen.

Die durchgezogene „Zickzacklinie" zeigt die über dem Mittelmeer gemessene IR-Abstrahlung. In diesem Spektrum kann man sehr schön das sog. „Atmospheric Window" erkennen. Im Bereich von 8 bis 14μm ist die Atmosphäre praktisch vollkommen durchlässig für IR-Strahlung. Nur die Ozonschicht absorbiert in diesem Bereich. Die Abstrahlung folgt hier einer „Schwarzkörperabstrahlung", die der Temperatur der abstrahlenden Erdoberfläche entspricht. In Spektrum b würde das einer Temperatur des Mittelmeeres von 7 bis 10°C entsprechen.

In den Spektren a und b ist eine sehr deutliche CO_2-Absorbtion zu sehen. Das eigentlich interessante an dieser Bande ist, dass sie in ihrem Zentrum bei 15μm eine CO_2-Emissionsbande zeigt. Die Basis dieser Emissionsbande liegt auf der 220K-Linie des Schwarzen Strahlers. Das heißt in großer Höhe bei einer Temperatur von ca. -50°C (220K) strahlt CO_2 in den Weltraum ab (thermisch angeregte Emission).

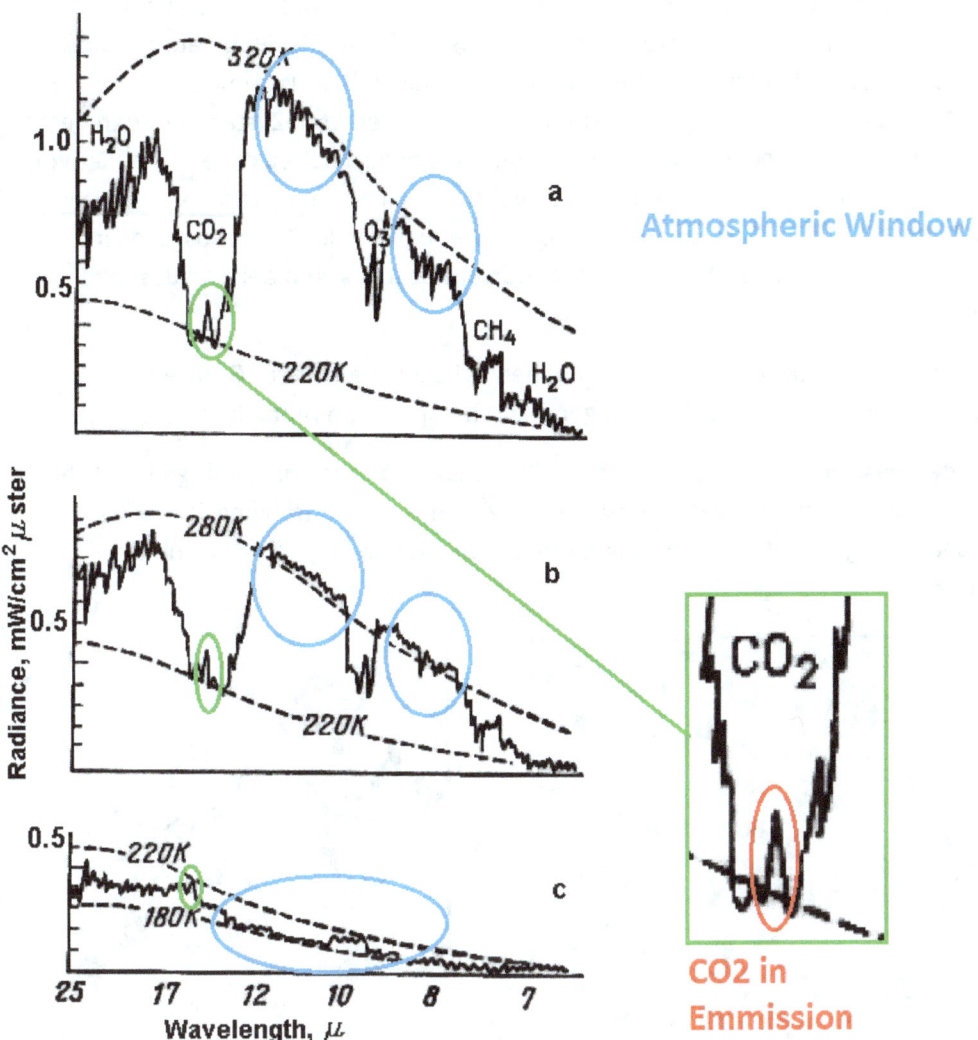

Abbildung 64: a - Desert Sahara; b - Mediterranean Sea; c - Antarctic Region Quelle des Spektrums: Dr. Fred Ortenberg OZONE: SPACE VISION (Space monitoring of Earth Atmospheric Ozone) Haifa, 2002, Spectrum of Earth Thermal IR-radiance recorded from space: https://www.researchgate.net/figure/Spectrum-of-Earth-Thermal-IR-radiance-recorded-from-space-a-Desert-Sahara_fig2_291164378

Spektrum c wurde über der Antarktis aufgenommen. Hier ist die Erdoberfläche deutlich kälter als die Obergrenze der Troposphäre. Es ist deshalb keine CO_2-Absorptionsbande sichtbar. Bei genauem Hinsehen erkennt man aber CO_2 in Emission. Also eine Situation, die es so nicht geben dürfte, wenn die Strahlungstransportgleichung die Realität beschreiben würde.

IR-Strahlung, die nicht durch das „atmospheric window" entweichen kann, wird in den unteren Luftschichten praktisch vollständig in Wärme umgewandelt. Sie steht deshalb in großen Höhen nicht mehr zur Anregung von Treibhausgasmolekülen zur Verfügung.
In diesen Höhen nehmen die Treibhausgasmoleküle ihre Anregungsenergie bei Stößen mit anderen Gasmolekülen auf. D.h. in großen Höhen nehmen die Treibhausgasmoleküle Wärmeenergie der Atmosphäre auf und strahlen sie als Wärmestrahlung in den Weltraum ab. **Treibhausgase verstärken so die Abkühlung der Atmosphäre in großen Höhen.**

Nach diesem Ausflug in die Spektroskopie will ich nochmal das Wesentliche kurz zusammenfassen.

Sättigung und Thermalisierung in Bodennähe: Außerhalb des sog. Atmospheric Windows (Wellenlängenbereich von ca. 8 bis 14μm) hat die von der Erdoberfläche abgestrahlte Wärmestrahlung in tiefen Luftschichten nur recht kurze Reichweiten. In bodennahen Luftschichten ist die Dichte der Luft recht hoch und die Treibhausgase sind stark mit nicht IR-aktiven Gasen (N_2, O_2) verdünnt (Mischungsverhältnis: 1 CO_2-Molekül auf ca. 2500 N_2- und O_2-Moleküle). Dadurch stoßen hier Treibhausgasmoleküle sehr häufig mit nicht IR-aktiven Gasmolekülen zusammen (Größenordnung 10^{10} Stöße/sec und Molekül). Treibhausgase im angeregten Zustand werden deshalb bei Stoßereignissen mit Stickstoff- oder Sauerstoffmolekülen strahlungslos deaktiviert. Die hier von Treibhausgasen absorbierte IR-Strahlung wird praktisch vollständig in Wärme umgewandelt. Deshalb ist in bodennahen Luftschichten im Bereich der Absorptionsfrequenzen der Treibhausgase eine ausgeprägte Rückstrahlung nicht möglich. **Die Thermalisierung ist sozusagen der Tod des Treibhauseffektes.**

Wärmetransport durch Konvektion: Von den bodennahen Luftschichten bis zur Grenze der Troposphäre erfolgt der Wärmetransport überwiegend durch Konvektion (Abbildung 65 und 66).

Thermisch angeregte Emission im oberen Bereich der Troposphäre: Durch die niedrige Luftdichte in großen Höhen gewinnt die Emission von Wärmestrahlung gegenüber der strahlungslosen Deaktivierung an Bedeutung. Treibhausgase verstärken hier die Abkühlung der Atmosphäre (Abbildung 65 und 66).

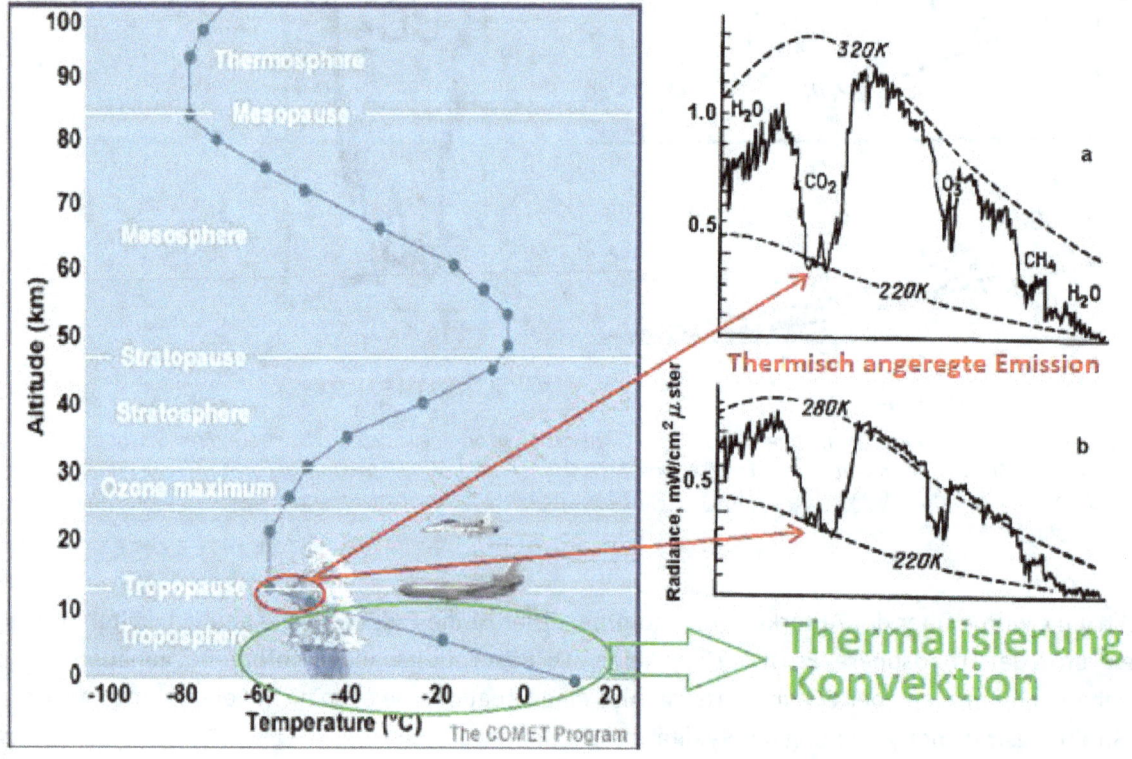

Abbildung 65: Thermalisierung und Wärmetransport durch Konvektion im unteren Bereich der Atmosphäre, grün markiert. Abstrahlung in den Weltraum an der oberen Grenzfläche der Troposphäre (thermisch angeregte Emission) rot markiert. (linker Teil der Graphik übernommen aus: https://nabilaandya98.wordpress.com/2013/05/29/science-project-earths-atmosphere/)

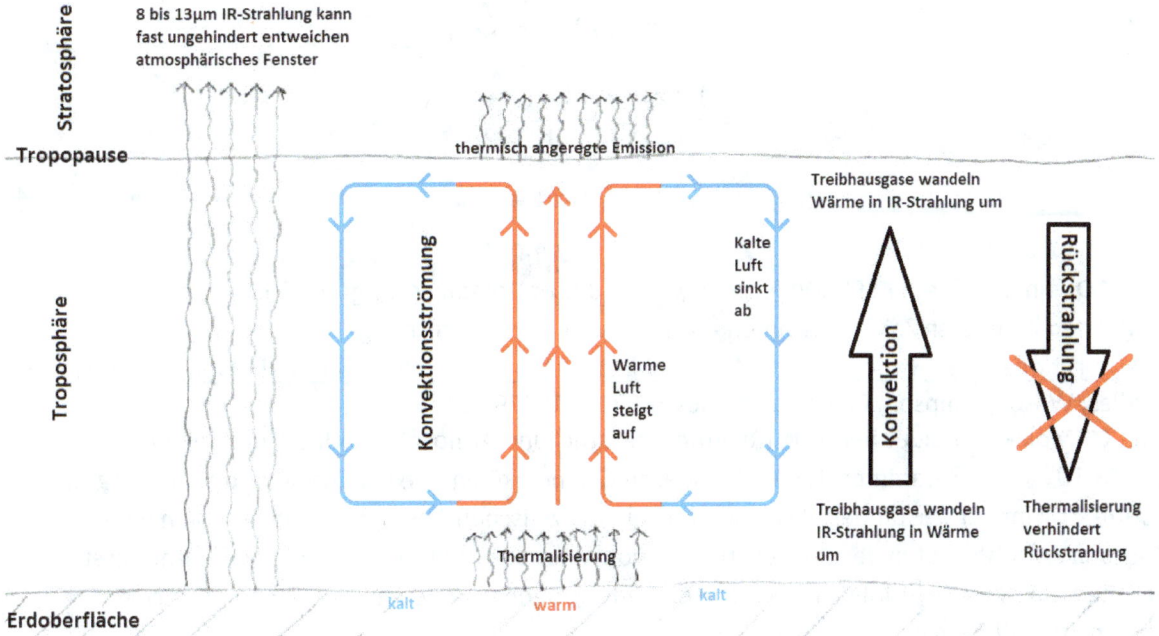

Abbildung 66: Wärmetransport in der Troposphäre durch Konvektionsströmungen und thermisch angeregte Emission an der Grenze der Troposphäre

Um den Fluss der Argumentation nicht zu stören, bin ich bisher nur schemenhaft auf die Halbwertzeit des angeregten Zustandes der CO_2-Biegeschwingung (01^11), die Thermalisierung dieses Zustandes und die thermisch angeregte Emission eingegangen. Diese Vorgänge will ich jetzt etwas konkreter beschreiben.

Stabilität des angeregten Schwingungszustandes (01^10) des CO_2

Ähnlich wie beim radioaktiven Zerfall instabiler Atomkerne, ist es nicht so, dass der angeregte Zustand eine bestimmte Lebensdauer hat. Der Übergang vom angeregten Zustand in den Grundzustand erfolgt zufällig. D.h. wenn man einen einzigen angeregten Zustand beobachtet kann man nicht vorhersagen, ob er sofort abstrahlen oder noch ein paar Sekunden weiter schwingen wird. Erst wenn man eine große Anzahl angeregter Zustände beobachtet, erkennt man ein Regelhaftigkeit in der Zerfallsrate der angeregten Zustände. Für die angeregten Zustände (01^10) kann man ein Zerfallsgesetz formulieren:

$$N_i(t) = N_0\, e^{-K_d t}$$

Mit: $N_i(t)$: Anzahl der zur Zeit t im angeregten Zustand befindlichen CO_2-Moleküle
         N_0 : Anzahl der zur Zeit t = 0 im angeregten Zustand befindlichen CO_2-Moleküle
         $K_d = 1{,}542\,s^{-1}$: Zerfallskonstante (HITRAN-Datenbank)
         https://www.spectralcalc.com/spectral_browser/db_data.php
         t : Zeit [s]

Nach diesem Zerfallsgesetz wird die Anzahl der angeregten Zustände $N_i(t)$ nie ganz auf Null fallen. D.h. man kann keine Zeit angeben, nach der alle angeregten Zustände in den Grundzustand zurückgekehrt sind. Deshalb behilft man sich damit, die Zeit anzugeben, nach der die Hälfte der angeregten Zustände in den Grundzustand zurückgekehrt ist. Das ist die sogenannte Halbwertszeit $t_{1/2}$.

Wenn die Halbwertzeit abgelaufen ist gilt: $\dfrac{N_i(t)}{N_0} = \dfrac{1}{2} = e^{-K_d\, t_{1/2}}$

Nach $t_{1/2}$ auflösen:
$$\ln(1/2) = -K_d \, t_{1/2}$$

$$t_{1/2} = \frac{\ln(2)}{K_d} = \frac{\ln(2)}{1{,}542 \, s^{-1}} \approx 0{,}45s$$

Thermalisierung von 15µm-IR-Strahlung in der Atmosphäre

Weil CO_2 ein beliebtes LASER-Medium ist, wurde dieser Vorgang sehr gründlich untersucht. Die im Folgenden benutzten Zahlen stammen aus folgender Veröffentlichung:

The vibrational deactivation of the (000^1) and (01^{1}0)Modes of CO2 measured down to 140 K by Siddles, Wilson, Simpson, Chemical Physics 189 (1994) 779-91

Ein CO_2-Molekül erleidet bei 300K (Raumtemperatur) und Atmosphärendruck pro Sekunde ca. $7 * 10^9 \approx 10^{10}$ Zusammenstöße mit anderen Gasmolekülen. Die Lebensdauer des angeregten 15µm-Schwingungszustandes, das heißt die Zeit, die zwischen Absorption und Emission eines Photons vergeht, liegt in der Größenordnung von einer Sekunde. Dieses Zahlenverhältnis lässt erahnen, dass ein CO_2-Molekül unter diesen Bedingungen kaum eine Chance hat, ein zuvor absorbiertes Photon wieder abzustrahlen.

Bei Atmosphärendruck und 295K (ca. 22°C) wurden für die strahlungslose Deaktivierung des angeregten Zustandes der 15µm-Absoption des CO_2 in Stickstoff und Sauerstoff folgende Thermalisierungsraten („quenching rates") bestimmt.

$$K_{N_2} = 5{,}5 * 10^{-15} \frac{cm^3}{Moleküle * sec}$$

$$K_{O_2} = 3{,}1 * 10^{-15} \frac{cm^3}{Moleküle * sec}$$

Für Luft, eine Mischung von ca. 20% Sauerstoff und 80% Stickstoff schätzen wir daher die Thermalisierungsrate zu:

$$K_{Luft} \approx (0{,}2 * 3{,}1 + 0{,}8 * 5{,}5) * 10^{-15} \frac{cm^3}{Moleküle * sec}$$

$$K_{Luft} \approx 5 * 10^{-15} \frac{cm^3}{Moleküle * sec}$$

Weil es nicht ganz leicht fällt sich unter dieser Zahl etwas „Greifbares" vorzustellen, rechnen wir jetzt aus, wie oft pro Sekunde ein angeregtes CO_2-Molekül (in der 15µm-Absorption) durch Zusammenstoß mit Luftmolekülen strahlungslos deaktiviert wird. Dazu multiplizieren wir K_{Luft} mit der Lohschmittzahl, die angibt, wie viele Luftmoleküle in 1cm³ unter Normalbedingungen enthalten sind.

$$K_{Luft} * N_{Lohschmitt} \approx 5 * 10^{-15} \frac{cm^3}{Moleküle * sec} * 2{,}5 * 10^{19} \frac{Moleküle}{cm^3} \approx 13{,}75 * 10^4 \frac{1}{sec}$$

$$K_{Luft} * N_{Lohschmitt} \approx 10^5 \tfrac{1}{sec} \approx \text{Anzahl der strahlungslosen Deaktivierungen pro Molekül und sec}$$

Da die Lebensdauer des angeregten Zustandes der 15µm-Absorption des CO_2 in der Größenordnung von einer Sekunde liegt, wird von ca. 100.000 absorbierten Photonen nur ein Photon wieder emittiert. Ist man vorsichtig und rechnet mit einer (01^{1}0)-Lebensdauer von ca. 0,1 Sekunden wird ca. 1/10.000 der angeregten Zustände Gelegenheit haben ein Photon abzugeben, bevor es durch Stoß mit anderen Gasmolekülen deaktiviert wird.

Für andere Treibhausgase wie Wasserdampf, Methan, SF_6, ... ist die Situation ähnlich. Da auch diese Gasmoleküle pro Sekunde ca. 10^{10}mal von Luftmolekülen gestoßen werden, ist davon auszugehen, dass auch bei diesen Gasen die Thermalisierung in Bodennähe der bestimmende Vorgang ist.

In hohen Luftschichten wird der Anteil der emittierten Photonen bedingt durch die geringere Luftdichte höher (weniger Stoßereignisse pro Zeiteinheit).

Anmerkung zur thermisch angeregten Emission

Manche Leser wundern sich wahrscheinlich darüber, dass an der äußeren Grenze der Troposphäre bei einer Temperatur von ca. -50°C (220K) die Luftmoleküle genug Bewegungsenergie haben, um bei Stoßereignissen mit CO_2-Molekülen die 15µm-Biegeschwingung anzuregen. Diesen Vorgang möchte ich deshalb kurz ansprechen.

Wie zuvor beschrieben, bewegen sich Gasmoleküle kreuz und quer durch den ihnen zur Verfügung stehenden Raum. Bei hohen Temperaturen bewegen sie sich im Mittelwert schneller und bei tiefen Temperaturen langsamer. Die Maxwell-Boltzmann-Verteilung gibt an, mit welcher Wahrscheinlichkeit Gasmoleküle, bei gegebener Temperatur, eine bestimmte Geschwindigkeit haben. In Abbildung 66 ist die Maxwell-Boltzmann-Verteilung für Stickstoff bei 0°C, 100°C und 1000°C dargestellt. Man erkennt, dass sich bei hohen Temperaturen das Maximum der Verteilungsfunktion hin zu hohen Geschwindigkeiten verschiebt. Aber auch bei tiefen Temperaturen findet man, im sogenannten „Schwanz" der Maxwell-Boltzmann-Verteilung, immer noch einen kleinen Anteil schneller Moleküle. Dieser kleine Anteil schneller Gasmoleküle macht es möglich, dass auch bei tiefen Temperaturen Vorgänge ablaufen können, die recht hohe Anregungsenergie erfordern.

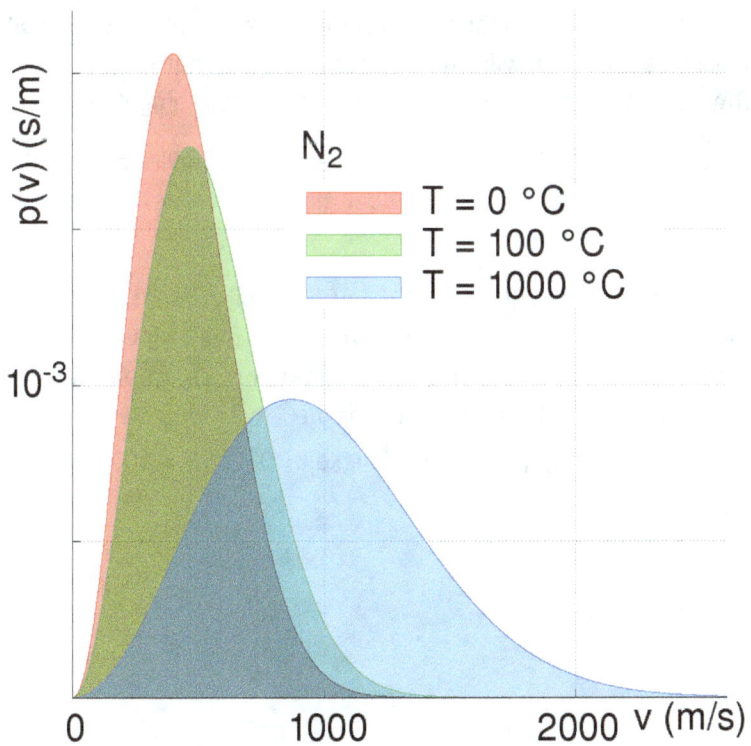

Abbildung 67: Maxwell-Boltzmann-Verteilung für Stickstoff bei 0°C, 100°C und 1000°C, Quelle: https://commons.wikimedia.org/w/index.php?curid=26829272

Der Anteil der Gasmoleküle, deren Bewegungsenergie größer ist als die Anregungsenergie E_i, berechnet sich wie folgt.

$$\frac{N_i}{N} = e^{-\frac{E_i}{kT}} = e^{-\frac{h\nu}{kT}}$$

Für die Anregung der 15µm-Schwingung des CO_2 ergibt sich damit bei 220K:

$$\nu = \frac{C}{\lambda} = \frac{3*10^8 \frac{m}{s}}{15*10^{-6} m} = 2*10^{13} \frac{1}{s}$$

$$\frac{N_i}{N} = e^{-\frac{h\nu}{kT}} = e^{-\frac{6{,}626*10^{-34} Js * 2*10^{13} \frac{1}{s}}{1{,}38*10^{-23} \frac{J}{K} * 220K}} = 0{,}0127 \approx 1{,}3\%$$

D.h. ca. ein Prozent der Luftmoleküle hat genug Bewegungsenergie, um bei ca. -50°C die 15µm-Schwingung des CO_2 an der äußeren Grenze der Troposphäre anzuregen.

Entsprechend ergibt sich bei Lufttemperaturen von 15°C bis 30°C ein Anteil 3% bis 4% der Luftmoleküle, deren Bewegungsenergie hoch genug ist um bei Stoßereignissen mit CO_2-Molekülen die 15µm-Schwingung des CO_2s anzuregen.

Die thermisch angeregte Emission findet natürlich überall in der Atmosphäre statt. In großen Höhen kann die dabei ausgesandte IR-Strahlung ins Weltall entweichen. In den dichteren Bereichen der Atmosphäre wird die dabei ausgesandte IR-Strahlung nach einem kurzen Weg durch die Atmosphäre wieder von Treibhausgasen absorbiert und thermalisiert. In direkter Bodennähe (10 bis 20m Höhe) kann ein kleiner Teil der Strahlung die Erdoberfläche erreichen und kann dort als sehr schwache Rückstrahlung gemessen werden (viel zu wenig um einen 33°C Treibhauseffekt zu verursachen).

Versuch zum „Nachweis des Treibhauseffektes"

Nachdem wir nun eine Idee davon haben, wie der atmosphärische Treibhauseffekt funktionieren **soll** und wissen, wieso es diesen Effekt so nicht geben kann, will ich noch kurz auf einen gern vorgeführten „Laborversuch zum Nachweis des atmosphärischen Treibhauseffektes" eingehen.

Bei diesem Versuch wird vorgeführt, dass sich ein mit CO_2 gefüllter Glasbehälter schneller erwärmt als sein mit Luft gefülltes Gegenstück, wenn man beide Behälter mit der gleichen IR-Quelle bestrahlt (Abbildung 68).

Nach dem oben Gesagten wird das den Leser nicht überraschen. CO_2-Gas absorbiert IR-Strahlung stärker als Luft und erwärmt sich deshalb schneller. Dieser Effekt wird zusätzlich dadurch verstärkt, dass CO_2 eine wesentlich geringere Wärmeleitfähigkeit als Luft hat. Die direkt vom Thermometer aufgenommene Wärme wird in CO_2 langsamer abgeleitet als in Luft, was die Erwärmung des Thermometers im CO_2-Behälter zusätzlich beschleunigt (Wärmeleitfähigkeit CO_2: $16{,}8*10^{-3} \frac{W}{mK}$, Wärmeleitfähigkeit Luft: $26{,}2*10^{-3} \frac{W}{mK}$).

Abbildung 68: Quelle: YouTube: https://www.youtube.com/watch?v=3v-w8Cyfoq8 , Bill Nye (undergraduate degree in mechanical engineering) brandneuer Laborkittel statt wissenschaftlicher Methodik,

Im Prinzip ist das das Gleiche als wenn man die Erwärmung einer Glasplatte mit ihrem matt schwarz lackierten Gegenstück unter IR-Bestrahlung vergleichen würde. Dieser Versuch spiegelt in keinster Weise die Verhältnisse in der Atmosphäre wider.

Was bleibt vom Treibhaueffekt?

Wir haben den Effekt sozusagen an seiner Wurzel gepackt und gezeigt, dass die Methode nach der der atmosphärische Treibhaueffekt (von 33°C), bestimmt wird, vollkommen unsinnig ist und dass der Effekt bei Anwendung realistischerer Berechnungsmethoden praktisch verschwindet.

Auch auf molekularer Ebene ist der Mechanismus dieses Effektes (Rückstrahlung, Strahlungstransportgleichung) nicht nachvollziehbar. Die hier von der modernen Klimaforschung vorgebrachten Erklärungen stehen in direktem Widerspruch zu grundlegendem Lehrbuchwissen der Molekülspektroskopie, das millionenfach technische Anwendung findet (z.B. CO_2-Laser, „infrared homing wapons", …).

Für mein Dafürhalten ist damit eindeutig bewiesen, dass es den atmosphärischen Treibhauseffekt nicht gibt.

Für eine wirklich grundlegende Kritik des atmosphärischen Treibhauseffektes möchte ich nochmal auf den Artikel von Gerlich und Tscheuschner verweisen.

"Falsifcation Of The Atmospheric CO2 Greenhouse Effects Within The Frame Of Physics" Version 4.0 (January 6, 2009) Prof. Dr. Gerhard Gerlich, Dr. Ralf D. Tscheuschner

Das Verständnis dieser Zusammenhänge fördert das Selbstbewusstsein des Klimaleugners. Aber vor dem Hintergrund, dass die Menschheit keinen merklichen Einfluss auf die atmosphärische CO_2-Konzentration hat, ist das ganze Theoretisieren nur von akademischem Interesse.

Klimamodelle
Klimamodellvorhersage vs. Realität

Auf die Klimamodelle werde ich nur sehr oberflächlich eingehen. Im Prinzip muss man nur wissen, dass diese Modelle chronisch falsche Vorhersagen machen. Wie in Abbildung 69 zu erkennen ist, weichen die Vorhersagen der Modelle sehr stark von den durch Ballon- und Satellitenmessungen ermittelten Daten ab.

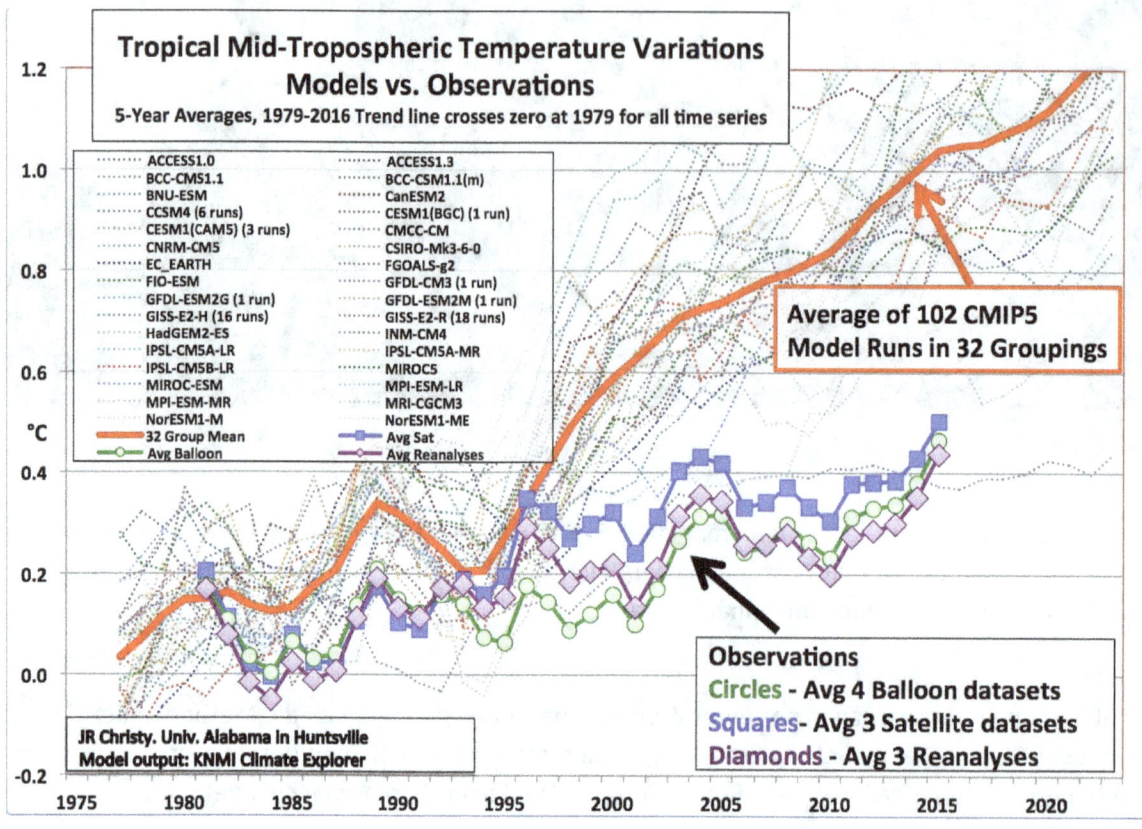

Abbildung 69: Vergleich Temperaturvorhersagen verschiedener Klimamodelle gegen tatsächlich per Ballon und Satellit gemessenen Daten. Quelle: JR Christy Univ. Alabama in Huntsville:

Interessant ist auch der Umstand, dass es eine Vielzahl „offizieller" Modelle gibt, die zum Teil sehr unterschiedliche Vorhersagen machen und sich so gegenseitig falsifizieren.

Noch interessanter ist der Umstand, dass man nicht das Modell, das die besten Vorhersagen macht auswählt und die übrigen als falsch verwirft, sondern ganz demokratisch irgendwie Mittelwerte bildet.

Auch beim IPCC ist man sich dieses Problems bewusst. Im dritten Sachstandsbericht des IPCC (2001) wird klar darauf hingewiesen, dass es nicht möglich ist, mit Computermodellen zukünftige Klimazustände vorherzusagen (siehe Abbildung 70).

Advancing Our Understanding

radiative forcings. This allows ensembles of model results to be constructed (see Chapter 9, Section 9.3; see also the end of Chapter 7, Section 7.1.3 for an interesting question about ensemble formation).

In sum, a strategy must recognise what is possible. ==In climate research and modelling, we should recognise that we are dealing with a coupled non-linear chaotic system, and therefore that the long-term prediction of future climate states is not possible.== The most we can expect to achieve is the prediction of the probability distribution of the system's future possible states by the generation of ensembles of model solutions. This reduces climate change to the discernment of significant differences in the statistics of such ensembles. The generation of such model ensembles will require the dedication of greatly increased computer resources and the application of new methods of model diagnosis. Addressing adequately the statistical nature of climate is computationally intensive, but such statistical information is essential.

Abbildung 70: Quelle: IPCC; Third Assessment Report (2001), Kapitel 14.2.2.2., Seite 774,
https://www.ipcc.ch/site/assets/uploads/2018/03/WGI_TAR_full_report.pdf

Die Modelle sind immer so ausgelegt, dass sie die Hypothese der durch den Menschen verursachten Erderwärmung bestätigen. Modelle, die diese Hypothese nicht stützen, werden nicht finanziell unterstützt.

Abgesehen von diesen finanziellen Beschränkungen und der fehlerhaften Physik und Chemie, die man in die Modelle einbaut, reicht die zur Verfügung stehende Rechenleistung nicht aus. Turbulente Strömungen haben Dimensionen bis herab in die Größenordnung von mm. Die in den Modellen verwendeten Gitter liegen in der Größenordnung von 100km.

Fälschung von Klimadaten

Die Probleme der Modelle löst man dadurch, dass man die Daten der Messstationen etwas bearbeitet. Während die Satelliten- und Ballondaten seit 1998 fast keine Erwärmung mehr beobachten, gelingt es mit Bodenstationen einen Temperaturanstieg zu messen (siehe Abbildung 71).

FAQ 1.2 (continued)

FAQ1.2: How close are we to 1.5°C?
Human-induced warming reached approximately 1°C above pre-industrial levels in 2017

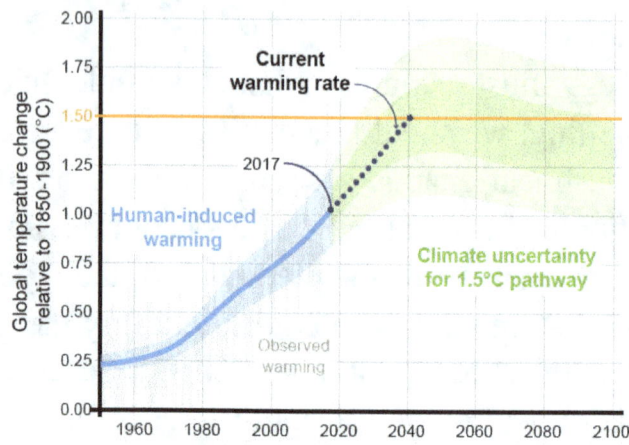

FAQ 1.2, Figure 1 | Human-induced warming reached approximately 1°C above pre-industrial levels in 2017. At the present rate, global temperatures would reach 1.5°C around 2040. Stylized 1.5°C pathway shown here involves emission reductions beginning immediately, and CO_2 emissions reaching zero by 2055.

Abbildung 71: Quelle: IPCC-Report 2018, mit „geschummelter" Erwärmungsrate

Der von den Bodenstationen gemessene Temperaturanstieg (Abbildung 71) korreliert auch immer mit dem Anstieg der CO_2-Konzentration (Abbildung 72). In den zuverlässigeren Satellitendaten (Abbildung 73) ist diese Korrelation nicht zu erkennen.

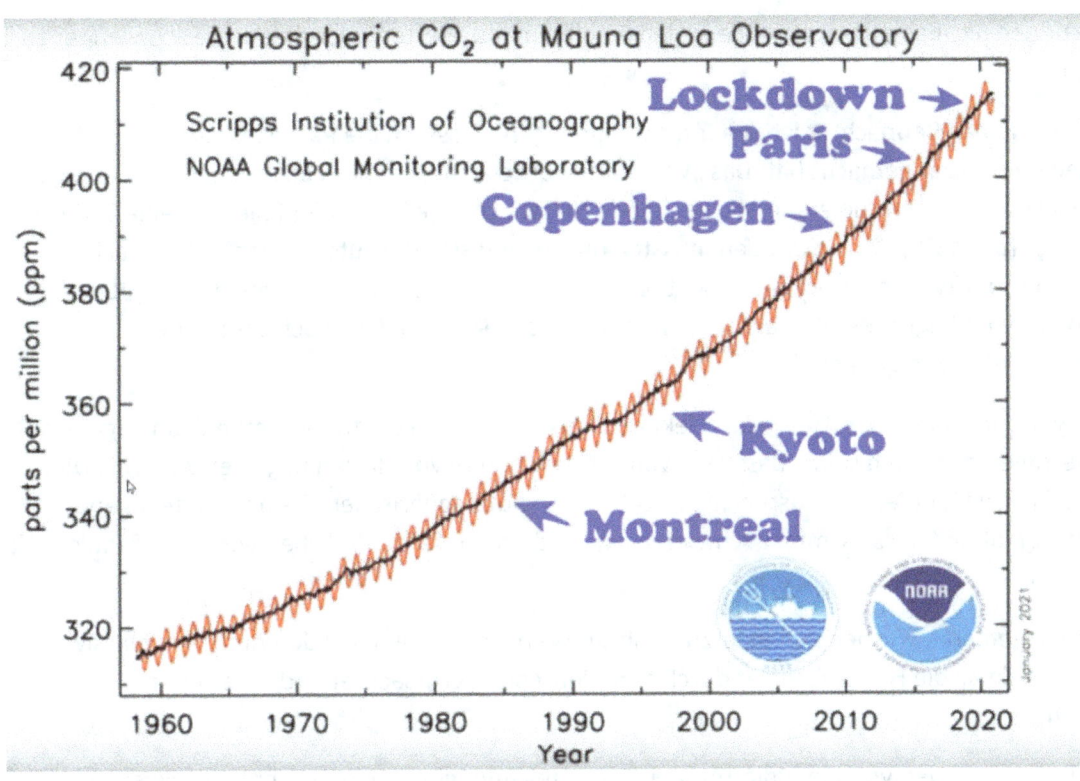

Abbildung 72: CO2-Anstieg, gemessen auf dem Mauna Loa, Quelle: Tony Heller (https://www.youtube.com/watch?v=OCTwukaXDqw&feature=push-u-sub&attr_tag=C6hi4B-VdM0leKbI%3A6)

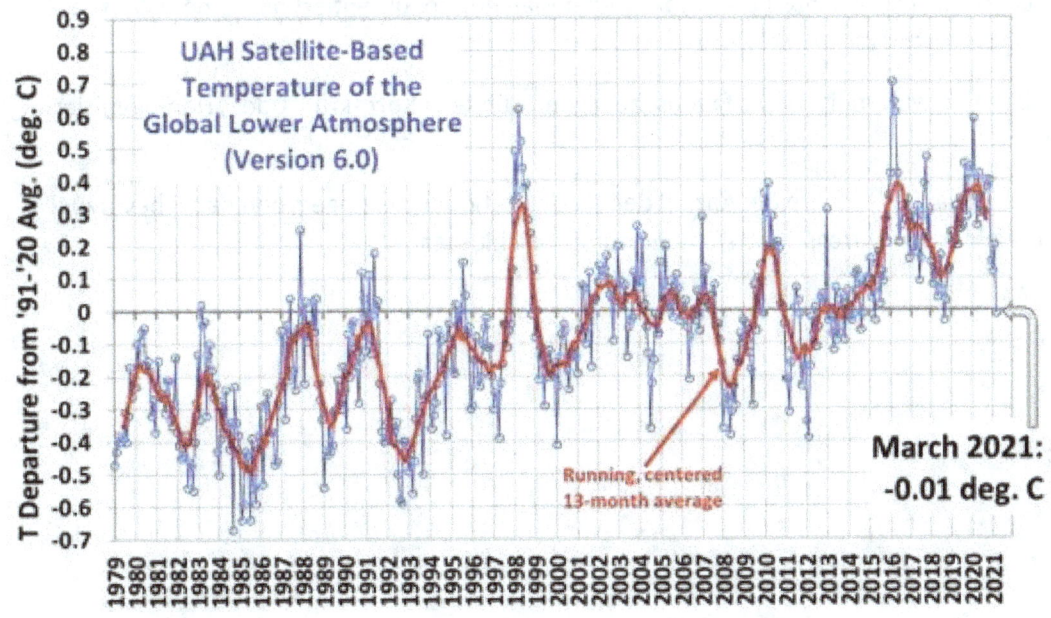

Abbildung 73: "Pause 1998 bis 2015", Quelle: Roy Spencer, https://www.drroyspencer.com/

Die Satellitendaten der Univ. Alabama in Huntsville (Abbildung 73) zeigen eindeutig, dass die Hypothese der durch den Anstieg der CO_2-Konzentration in der Atmosphäre verursachten Erderwärmung falsch sein muss. Eine Korrelation zwischen CO_2-Anstieg und Gang der Temperatur der globalen unteren Atmosphäre ist nicht zu erkennen.

Während der sogenannten **Pause** (die Zeit von 1998 bis ca. 2015) hat das Global Warming einfach mal Pause gemacht, während die CO_2-Konzentration unverändert weiter angestiegen ist (Abbildung 72 und 73). Auch in den letzten vier Jahren hat sich im Vergleich zu den Bodenstationen in den Satellitendaten nicht viel getan. Wie schon erwähnt, war diese Pause in den Daten der

Bodenstationen nicht so ausgeprägt wie in den Satelliten und Wetterballondaten, die schwieriger zu faken sind.

Dem aufmerksamen Beobachter ist sicher nicht entgangen, dass sich die Pause in unseren Leitmedien bemerkbar gemacht hat. Das „Wording" wurde anlässlich der Pause geändert. Aus „man made global warming" wurde erst mal „man made climate change". Nachdem die USA eine Serie extrem kalter (bis -45°C) Winter erleben mussten und Trump sich die gute alte menschgemachte Erderwärmung auf Twitter zurückgewünscht hat, sprach man bevorzugt von „climate disruption". Kürzlich wurde der Begriff der Klimakrise eingeführt. Das heißt so viel wie: Schluss mit den Diskussionen. Jetzt wird gehandelt.

Die Erderwärmung durch den Treibhauseffekt ist zwar immer noch die theoretische Grundlage des ganzen Betruges, aber man spürt, dass man von offizieller Seite von diesen Begriffen weg will. Die einfache Erklärung für diesen Neusprech ist, dass es den atmosphärischen Treibhauseffekt ganz einfach nicht gibt und dass es immer schwieriger wird, diese einfache Wahrheit vor der Öffentlichkeit zu verbergen.

Wie schon angemerkt, wurden in den letzten Jahren Wetterdaten, auch in den Archiven, massiv gefälscht, um sie an die Hypothese der durch den Menschen verursachten Erderwärmung anzupassen.

Man hat in den Archiven vor allem die Temperaturaufzeichnungen der 30er Jahre, die vielerorts wärmer waren als die Gegenwart („Dust Bowl" in N-Amerika), abgesenkt. Die Temperaturdaten der jüngsten Vergangenheit hat man etwas angehoben (siehe Abbildung 74). Tony Heller beschäftigt sich intensiv mit diesem Betrug. Einzelheiten dazu findet man gut dokumentiert auf seiner Website (https://realclimatescience.com/).

Diese Manipulation wird meist unter fadenscheinigen Gründen „Korrektur" oder „Homogenisierung" bezeichnet.

Man hat auch im Laufe der Jahre die Anzahl der Wetterstationen verringert und dabei bevorzugt Stationen mit niedrigen Durchschnittstemperaturen geschlossen.

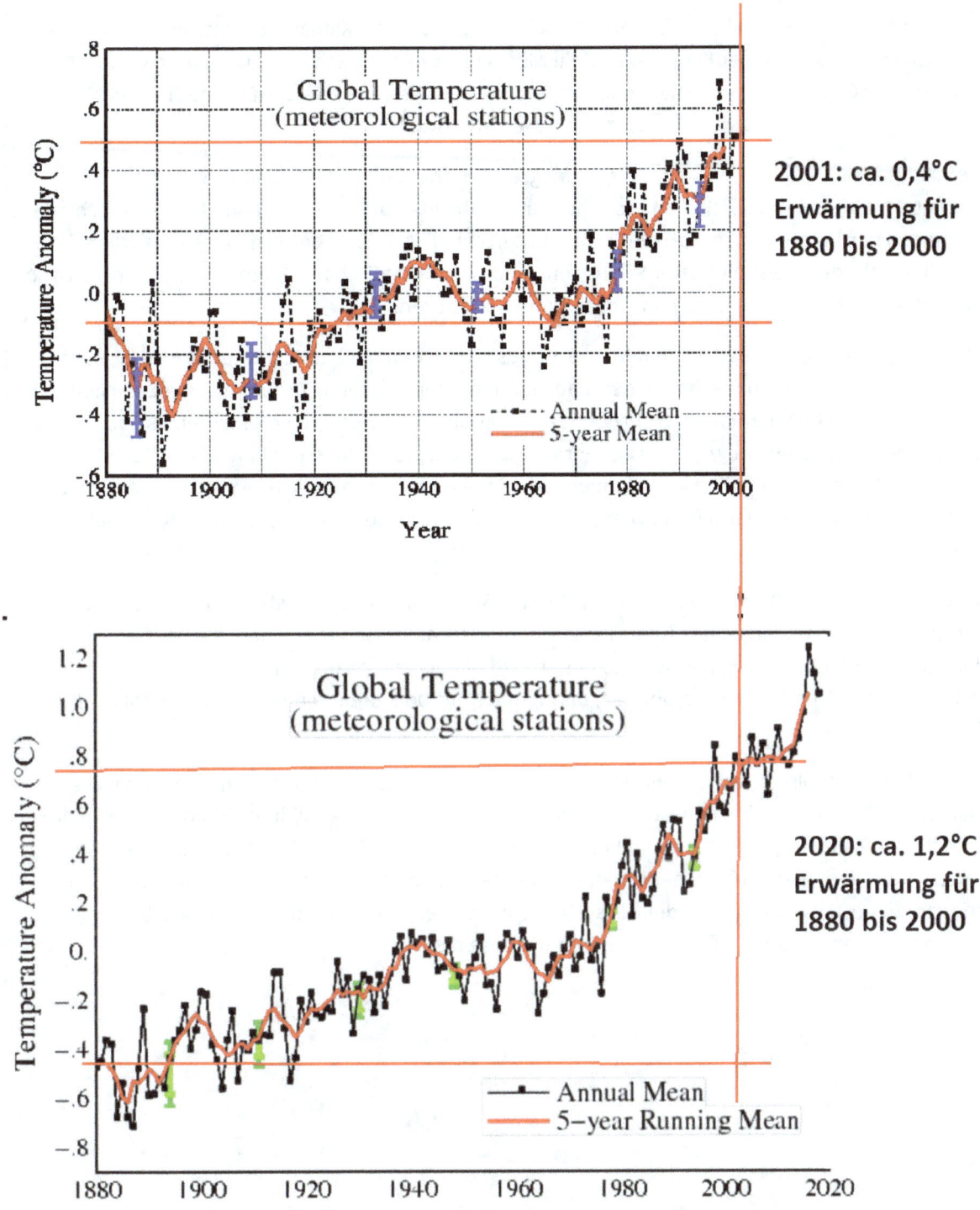

Abbildung 74: in 2001 berichtet NASA für den Zeitraum von 1880 bis 2000 eine Erwärmung um 0,5°C. in 2015 berichtet NASA für den Gleichen Zeitraum etwa die doppelte Erwärmung. Quelle: Tony Heller (https://realclimatescience.com/2020/01/alterations-to-giss-surface-temperatures-from-2001-to-2015/)

Nachdem wir das Thema Klimadatenmanipulation/Fälschung angesprochen haben, bietet es sich an, noch auf ein paar Grundbegriffe der Analyse von Klimadaten einzugehen.

Datenanalysen, Entwicklung von Modellen, Vorhersagen

Wie wir bisher gesehen haben eröffnen sich bei der Auswahl von Klimadaten und der Rekonstruktion historischer/prähistorischer Klimadaten viele Möglichkeiten zum „schummeln". Wenn es darum geht, auf der Grundlage der vorhandenen Daten, Vorhersagen über die Zukunft des Klimas zu machen, gibt es ebenfalls viel Spielraum zur „Interpretation".

Die Analyse von Klimadaten ist ein sehr umfangreiches Thema, das den Rahmen dieses Textes sprengt. Im Folgenden will ich dem Leser nur eine grobe Idee davon vermitteln, dass es verschiedene Methoden der Datenanalyse gibt, die zu sehr unterschiedlichen Ergebnissen führen. Das hier Gesagte ist sicher nicht der Weisheit letzter Schluss und auch mathematisch nicht immer ganz korrekt. Es soll lediglich das Interesse des Lesers an dieser Thematik wecken.

Das Ziel der Datenanalyse ist es, den Mechanismus, durch den die beobachteten Werte erzeugt werden, zu erkennen. Im Idealfall findet man einen mathematischen Zusammenhang zwischen den Punkten, an welchen man beobachtet/gemessen hat und den jeweiligen Messergebnissen. Meistens ist das irgendeine Gleichung/Formel der Form $Y = f(X)$, die jedem Messpunkt X einen Wert Y zuordnet. Wenn man eine Formel gefunden hat, die die beobachteten Werte sehr gut beschreibt, kann man Vorhersagen darüber machen, wie sich die beobachteten Werte in Zukunft verhalten werden.

Sieht man sich einen Datensatz zum ersten Mal an, kann man in den meisten Fällen keine Ordnung in den Daten erkennen. Ein echtes Genie kann schon mal eine passende Formel erraten. Der durchschnittlich begabte Naturwissenschaftler wird einfach ein paar bekannte Datenanalysemethoden durchprobieren, bis er eine Methode gefunden hat, die brauchbare Ergebnisse liefert.

Weil sich das kompliziert anhört, will ich an einem einfachen Beispiel vorführen, wie man sowas macht. Mit Excel habe ich einen kleinen Beispieldatensatz erstellt (Abbildung 75). Die erste Spalte enthält eine Zeitangabe, gemessen in Jahren. In der Zweiten Spalte wird jeder Zeitangabe eine Temperatur, gemessen in °C, zugeordnet. Um die Daten in eine etwas übersichtlichere Form zu bringen, trage ich sie in ein Koordinatensystem ein. Auf der senkrechten Achse habe ich die Temperatur abgetragen. Auf der waagerechten Achse die Zeit.

Zeit [Jahre]	Temperatur [°C]
100	7,5
110	9,8
120	12,9
130	5,3
140	14,9
150	6,4
160	11,1
170	11,7
180	6,0
190	15,0
200	5,6
210	12,3
220	10,4
230	6,9
240	14,7
250	5,1
260	13,4
270	9,1
280	8,1
290	14,1
300	5,0
310	14,3
320	7,9
330	9,3
340	13,3
350	5,2
360	14,8
370	6,7
380	10,7
390	12,1

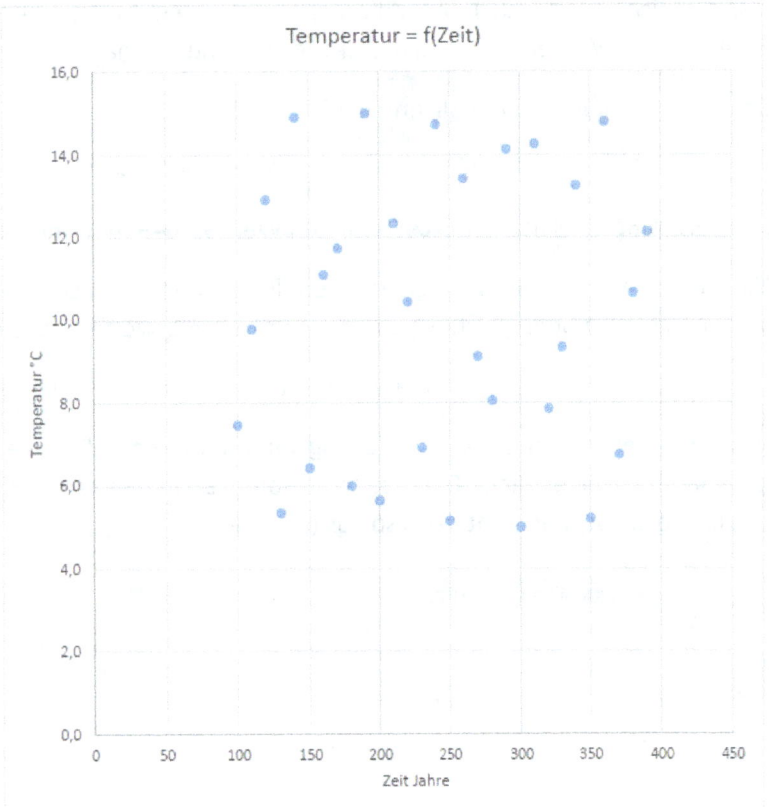

Abbildung 75: Beispieldatensatz

Das ist schon deutlich übersichtlicher als die Tabelle. Aber eine Regelhaftigkeit kann man noch nicht erkennen. Wenn man ohne großen Aufwand eine Vorhersage machen sollte, wie sich die Temperatur nach dem Jahr 390, für das man noch Messwerte hat, weiter verhalten wird, würde man sagen „Es geht so weiter". Wenn man diese Aussage in eine mathematisch handliche Form bringen will, legt man eine Gerade so zwischen die Punkte, dass sie möglichst dicht an allen Punkten vorbei geht (eine sog. Regressionsgerade).

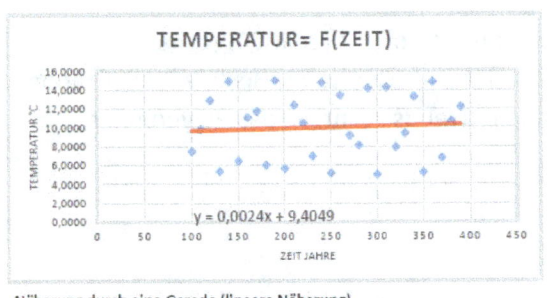
Näherung durch eine Gerade (lineare Näherung)

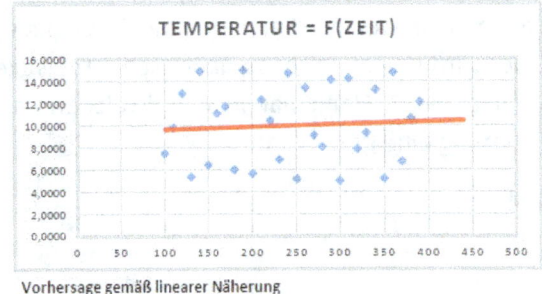
Vorhersage gemäß linearer Näherung

Abbildung 76:

Excel erledigt das (Abbildung 76). Man erhält für die Gerade eine Gleichung:

$$Temperatur\ °C = 9{,}4049°C + 0{,}0024 \frac{°C}{Jahr} * Zeit\ [Jahren]$$

Wenn man nun für das Jahr 500 eine Vorhersage machen soll, verlängert man einfach die Gerade. D.h. man setzt in die Gleichung 500 Jahre ein. Das Ergebnis der Vorhersage ist dann 10,6°C. Wenn nichts Unerwartetes geschieht, wird der Fehler dieser Vorhersage ungefähr genau so groß sein wie die Abweichungen der Messpunkte von der Geraden in dem Bereich, den man zuvor gemessen hat (also gar nicht so schlecht). Die Näherung von Daten mit Hilfe einer Geraden nennt man lineare Näherung. Die Vorhersage nach dieser Methode nennt man lineare Extrapolation.

Eine Geradengleichung hat allgemein die Form:

$$Y = a + b * X$$

In unserem Beispiel hat mir Excel für a den Wert 9,4049 und für b den Wert 0,0024 ausgerechnet.

Will man eine Linie zwischen den Punkten durchlegen, die dichter an den Messpunkten vorbei läuft, kann man die Geradengleichung zu einem Polynom erweitern. Das sieht dann so aus:

$$Y = a + b * X + c * X^2 + d * X^3 + e * X^4 + usw.$$

Diese Erweiterung der Geradengleichung sorgt dafür, dass die Linie dichter an den Messpunkten vorbeiläuft als die einfache Gerade. Keine Sorge, auch hier rechnet Excel für uns die besten Werte für a, b, c, d, e ... aus. Das sieht dann so aus (Abbildung 77):

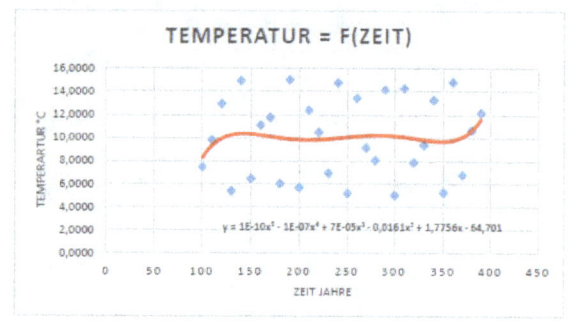
Näherung durch Potenzreihe

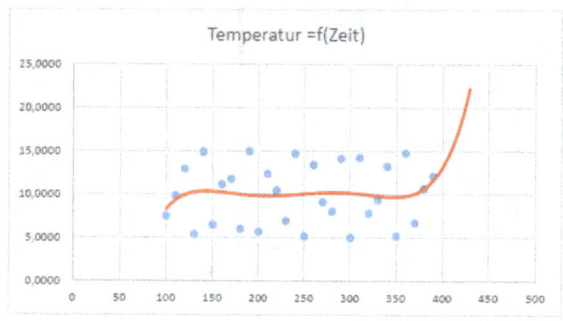
Vorhersage gemäß Potenzreihe

Abbildung 77:

Da die letzten Daten unseres Beispiels eher im oberen Bereich der gemessen Werte angesiedelt sind läuft das als Näherung benutzte Polynom (4ten Grades) am Schluss nach oben. Benutzt man dieses Polynom um eine Vorhersage zu machen, erhält man deshalb sehr hohe Werte, die bei diesem Datensatz nicht so richtig ins Bild passen wollen.

Dass mein in wenigen Sekunden mit Excel erzeugtes Polynom den offiziellen IPCC-Vorhersagen der Erderwärmung gar nicht so unähnlich sieht ist kein Zufall (siehe Abbildung 78, Hockey-Stick-Graphen, Michael Man). Wenn man in irgendwelchen Daten deutliche Trends sucht, ist das Polynom als Näherung eine gute Wahl.

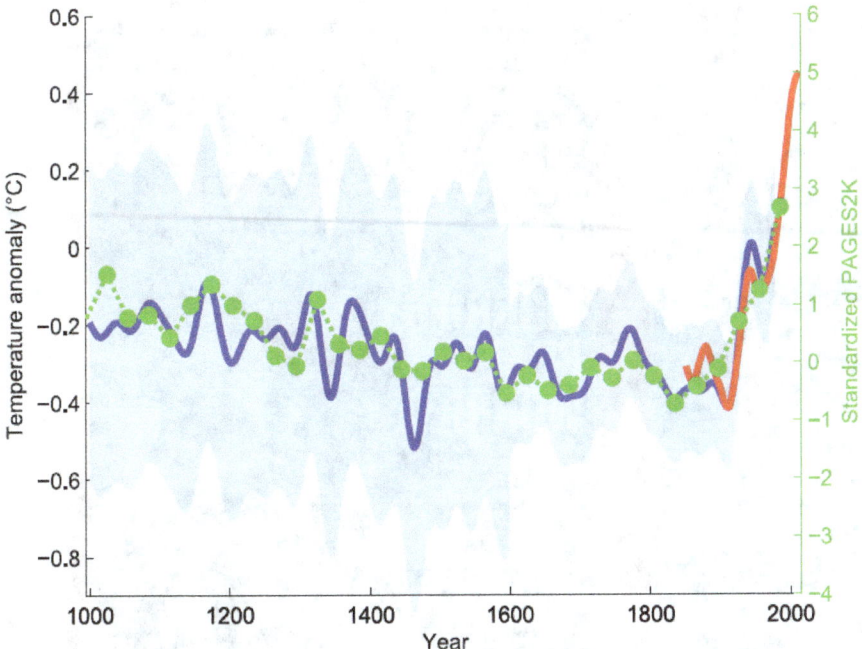

Abbildung 78: Hockey-Stick-Graphen, Michael Man, Quelle: https://en.wikipedia.org/wiki/Hockey_stick_graph

In den 70er-Jahren beobachtete man ausgehend von den 40er-Jahren einen deutlichen Abkühlungstrend (Abbildung 79).

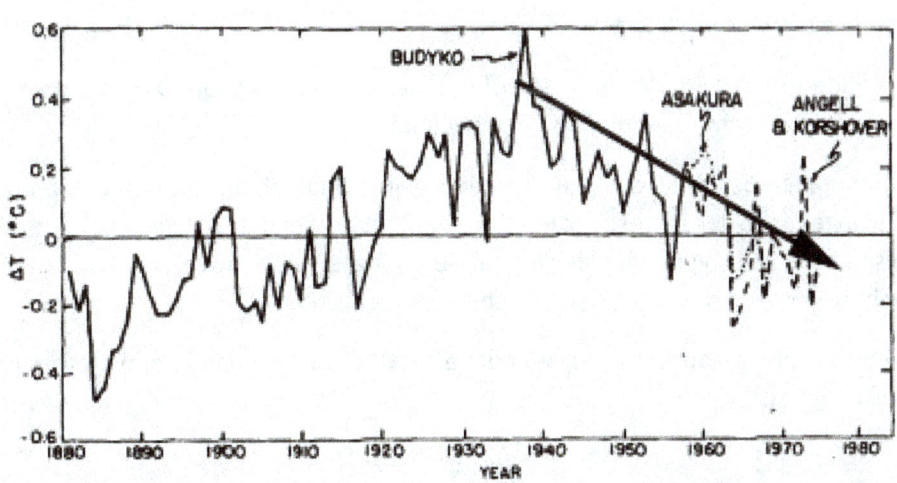

Abbildung 79: Quelle: https://joannenova.com.au/2016/09/history-rewritten-global-cooling-from-1940-1970-an-83-consensus-285-papers-being-erased/

Entsprechend warnten uns „Klimawissenschaft und Qualitätsmedien" vor der unmittelbar bevorstehenden neuen Eiszeit (Abbildung 80).

Abbildung 80; Quelle: Time Magazine Dec. 3, 1973 und Apr. 3, 2006
http://content.time.com/time/covers/0,16641,19731203,00.html
http://content.time.com/time/covers/0,16641,20060403,00.html

Ich weiß, auch nur die Andeutung, dass die Klimamodelle im Prinzip so etwas wie ein Polynom sein könnten, wird mir harsche Kritik einbringen. Aber was am Schluss zählt, ist das Ergebnis. Und das sieht halt aus wie ein etwas erweitertes Polynom.

Als Nächstes wenden wir die Fourier-Analyse auf den Beispieldatensatz an. Die Fourier-Analyse ist vor allem für die Analyse schwingender Systeme geeignet ist.

In der Natur gibt es viele Systeme, die keinen eindeutigen Trend haben, sondern um irgendeine „Nulllinie" schwingen (z.B. der Jahresgang der Tageslänge). Zur Analyse solcher Systeme wurde die Fourier-Analyse entwickelt. Wenn man diese Analyse auf Datensätze anwendet, kann man erkennen, ob die beobachteten Werte das Ergebnis von Schwingungen sind.

Auf meinen kleinen Beispieldatensatz angewandt liefert die Fourier-Analyse ein interessantes Ergebnis (Abbildung 81).

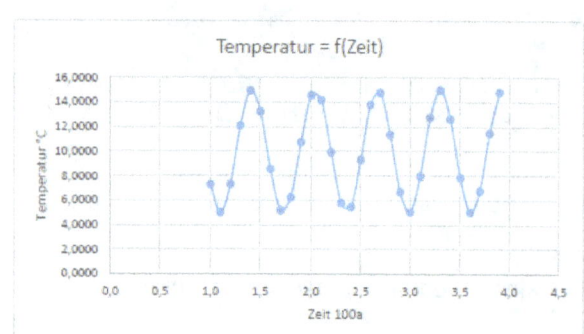

Y= 5 * sin(X) +10
Fourier Analyse und Näherung durcht trigonometrische funktion

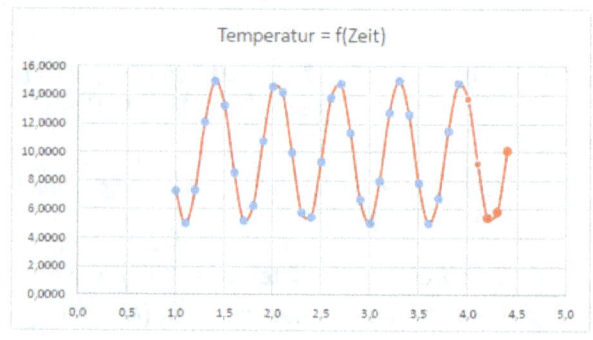

Vorhersage gemäß Ergebnis der Fourier Analyse

Abbildung 81:

Die in Abbildung 75 scheinbar zufällig angeordneten Datenpunkte können hier als das Ergebnis einer Schwingung dargestellt werden. Die Schwingung, die diese Daten erzeugt hat wird durch die Funktion $Y = 5 * sin(X) + 10$ beschrieben. Die Vorhersagen, die diese Datenanalyse erlaubt, unterscheiden sich dramatisch von den Vorhersagen, die das Polynom macht. Wenn man nun entscheiden will, ob das Polynom oder die Sinusfunktion den beobachteten Vorgang besser beschreiben, wird man das System noch ein paar Jahre beobachten. Wenn die Temperaturen mit der Zeit sinken, kann man davon ausgehen, dass die Sinusfunktion das System recht gut beschreibt. Beobachtet man hingegen steigende Temperaturen, dann scheint das Polynom das System besser zu beschreiben. Vor diesem Hintergrund sind die immer wieder in unseren Medien verkündeten Temperaturrekorde zu verstehen. Außerdem kann man auch vergleichen, wie gut die aus der Datenanalyse erhaltenen Formeln zu den in der Vergangenheit gemessenen Werten passen. Bei diesem Vergleich ist die Sinusfunktion allen anderen Näherungsformeln überlegen und scheint das System richtig zu beschreiben.

Unsere Welt ist ohne Zweifel ein System, das von sich wiederholenden Vorgängen bestimmt wird. Der Mond bewegt sich um die Erde. Die Erde, zusammen mit anderen Planeten, um die Sonne. Das Sonnensystem bewegt sich um das Zentrum der Milchstraße. Die Aktivität der Sonne ändert sich regelmäßig... . Jahreszeiten, Eiszeiten, Warmzeiten, ... kommen und gehen. Zur Analyse von Wetter- und Klimadaten sollte deshalb die Fourier-Analyse das Mittel der Wahl sein. Horst-Joachim Lüdecke und Carl-Otto Weiss (*The Open Atmospheric Science Journal*, 2017, *11*, 44-53) haben eine entsprechende Datenanalyse durchgeführt. Aus verschiedenen Temperaturdatensätzen haben sie einen globalen Temperaturdatensatz zusammengestellt, der den Zeitraum von 1 n.Chr. bis 2015 abdeckt. Diesen Datensatz haben sie einer Fourier-Analyse unterzogen. Dabei stellt sich heraus, dass der Gang dieses Temperaturdatensatzes sehr gut durch eine Überlagerung von vier Sinusfunktionen angenähert werden kann. Diese Sinusfunktionen haben Perioden von ca. 1003Jahren, 463Jahren, 188Jahren und 65Jahren (Abbildung 82).

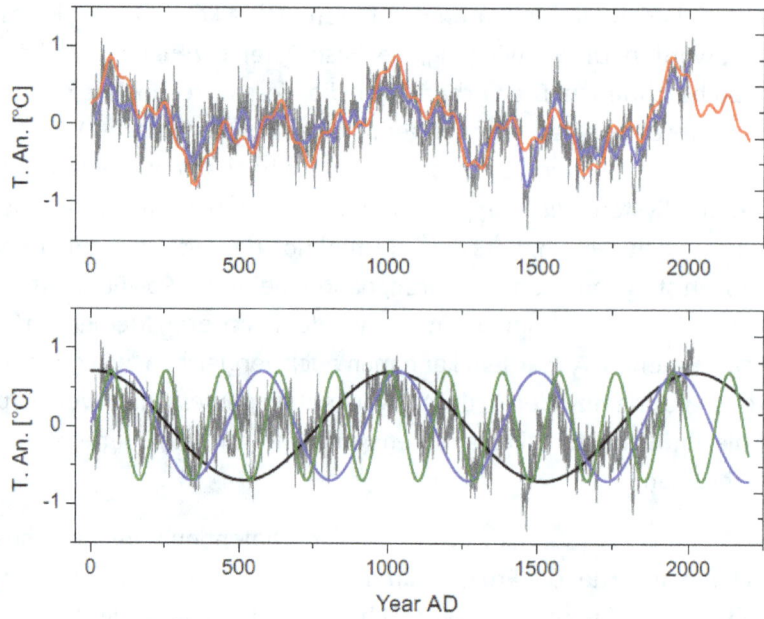

Fig. (3). (Color online) Upper panel: Global record G7 (grey), running 31-year average of G7 (blue), sine representation of G7 with three sine functions of the periods 1003, 463, and 188 years (green), with four sine functions including the period ~60 years (red), continued to AD 2200. The parameters of the sine functions are given in Table 3. The Pearson correlation between the 31 year running average of G7 and the three-sine representation (green) is 0.84, for the four-sine representation (red) 0.85. Lower panel: G7 (grey) together with the sine functions of 1003, 463, and 188 - year periods continued until AD 2200 (equal sine amplitudes for clarity).

Abbildung 82: Im oberen und unteren Graph ist der Gang der rekonstruierten Temperatur grau dargestellt. Im oberen Graph ist der über 31 Jahre gemittelte Gang der rekonstruierten Temperatur blau dargestellt. Die rote Linie im oberen Graph ist die Überlagerung der vier Sinusfunktionen mit den Perioden 1003, 463, 188 und ca. 60Jahren. Im unteren Graph sind die Sinusfunktionen mit den Perioden 1003, 463 und 188Jahren dargestellt (schwarz, blau, grün). Die Sinusfunktion mit der Periode ca. 60Jahre wurde aus Gründen der besseren Übersichtlichkeit nicht eingezeichnet. Quelle: https://www.researchgate.net/publication/318366114_Harmonic_Analysis_of_Worldwide_Temperature_Proxies_for_2000_Years

Wenn diese Analyse korrekt ist, erklärt sich das warme Klima der letzten Jahre dadurch, dass die überlagernden Klimazyklen alle gleichzeitig durch ihr Maximum gingen. Eine ähnliche Situation bestand zu Beginn unserer Zeitrechnung (Römische Warmperiode) und um das Jahr 1000 (Mittelalterliches Klimaoptimum). Das heißt aber auch, dass unsere jetzige Warmperiode nur vorübergehend sein wird. Die Autoren sagen deshalb eine deutliche Abkühlung voraus.

Die Autoren weisen darauf hin, dass die von ihnen beobachteten Klimazyklen gut zum zeitlichen Gang der Konzentrationen der Radionuklide ^{14}C und ^{10}Be passen. Es deute sich so ein Zusammenhang zwischen Sonnenaktivität und Klimageschehen an.

Die Idee, dass das Welt- und Klimageschehen kosmischen Zyklen unterliegt, ist nicht neu. Fast alle großen Zivilisationen haben Kosmologien entwickelt, in welchen das Weltgeschehen als eine regelmäßige Abfolge von Zyklen beschrieben wird. In diesen Zyklen steigen Zivilisationen auf und vergehen wieder. Die bekanntesten Beispiele für solche Zyklen sind die Zeitalter (Yugas) der hinduistischen Kosmologie (Abbildung 84) und die Zyklen des Mayakalenders. Auch Ragnarök, die Götterdämmerung der nordischen Mythologie, ist ein recht populäres Beispiel für einen durch Zyklen vorbestimmten (Unter)Gang der Welt.

Vor diesem Hintergrund drängt sich der Verdacht auf, dass die Astrologie ihren Ursprung in einer soliden Wissenschaft nahm, die dank der Kenntnis dieser Zyklen wertvollen Rat in klimaabhängigen Angelegenheiten geben konnte. Mit der Zeit hat dann wohl der Zwang, Geld zu verdienen, diese

Kunst etwas korrumpiert. Parallelen zur modernen Klimawissenschaft sind vermutlich nicht ganz zufällig.

In einer durch Zyklen bestimmten Welt muss man sich auch nicht wundern, wenn man immer wieder Bibelstellen findet, die unsere aktuelle gesellschaftliche Situation verblüffend gut beschreiben (Abbildung 83).

Abbildung 83: **Jesaja 3:12 (King James Version, Judgment on Judah and Jerusalem)** „**children are their oppressors, and women rule over them**" **(Kinder sind ihre Peiniger und Frauen herrschen über sie)**

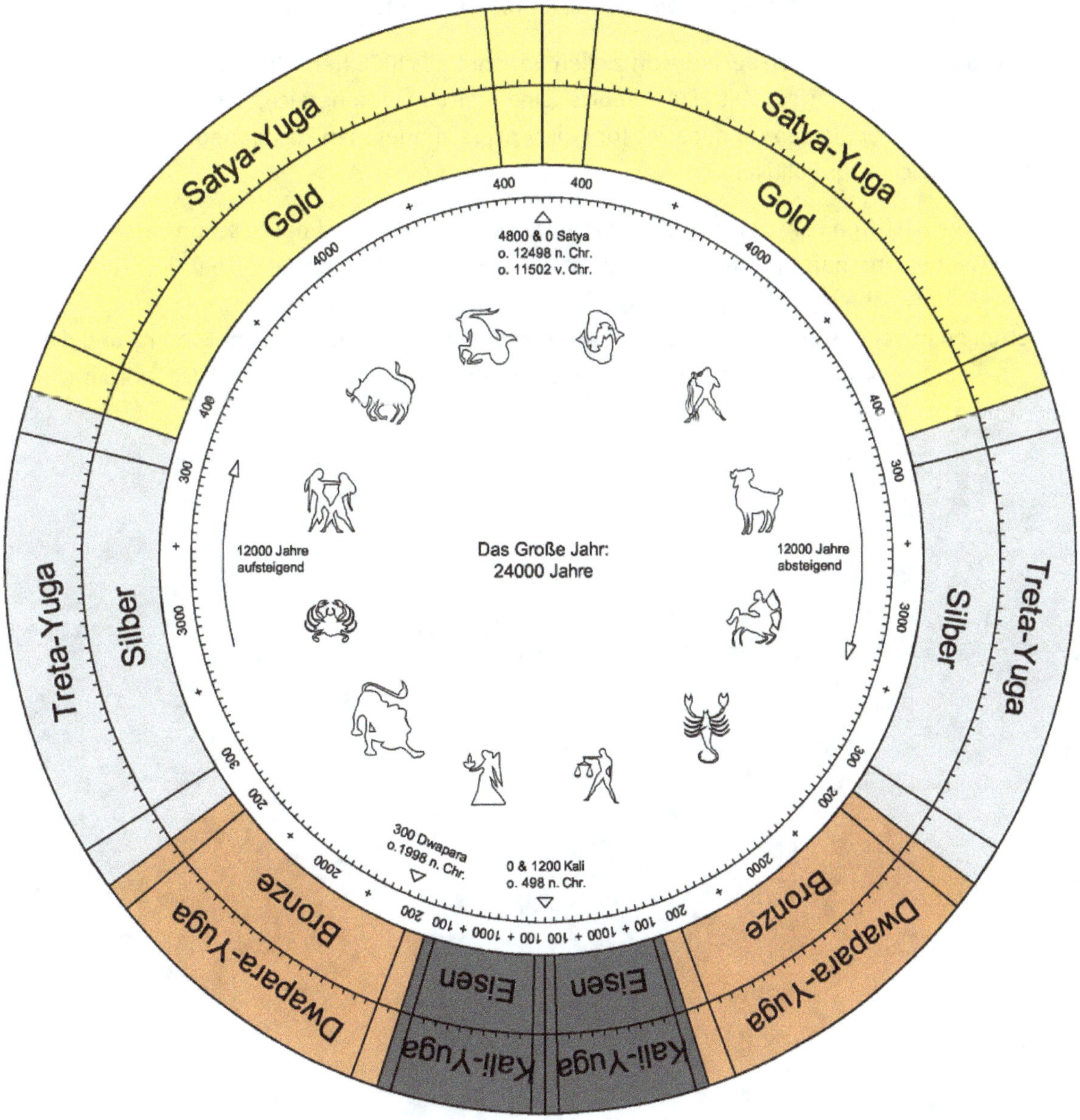

Abbildung 84: Quelle: Ingo Kappler --Inka 23:32, 8 May 2005 (UTC) - Eigenes Werk, CC BY-SA 2.0 de, https://commons.wikimedia.org/w/index.php?curid=134870

Weiterführende Informationen

Lesern, die mehr über die religiösen und gesellschaftlichen Hintergründe des „CO_2-Kultes" erfahren wollen, möchte ich die Arbeiten von Prof. Dr. Edward Dutton empfehlen. Vorsicht! Die Werke des Herrn Prof. Dutton kann ich nur mit einer ausdrücklichen „Trigger-Warnung" weiterempfehlen.
https://www.bitchute.com/video/KQfJmHmJopo/

Lesern, die sich gerne in Verschwörungen und Intrigen suhlen, empfehle ich, sich den Climategate-Skandal etwas genauer anzusehen. Im Jahr 2009 wurde die E-Mail-Kommunikation der führenden Klimawissenschaftler gehackt und veröffentlicht. Aus diesem Material geht eindeutig hervor, dass hier die Öffentlichkeit in ganz großem Stil belogen und betrogen werden soll.
https://www.corbettreport.com/interview-629-tim-ball-on-climategate-3-0/
https://www.youtube.com/watch?v=LCXVZpGoDCA

Eine Gute Einführung in das Thema Klimazyklen und ihre Wirkung auf das Weltgeschehen findet man im Video „Cycles of History" von Peter Temple.
https://www.youtube.com/watch?v=ATn5NgNYZtw&t=3s Auch die Seite des World Cycles Institute https://worldcyclesinstitute.com/ ist in diesem Zusammenhang interessant.

Wer sehr viel Zeit hat, kann sich auch die offiziellen Berichte des IPCC herunterladen (https://www.ipcc.ch/reports/). Die „Full Reports" sind meist so umfangreich, dass man wirklich Zeit braucht um sie zu lesen. In den „Summaries for Policymkers" findet man Zusammenfassungen der ausführlichen Berichte für Politiker.

Lesern, die dem nächsten Paradigmenwechsel zuvorkommen wollen und heute schon wissen wollen, was in den Geowissenschaften zum „neuen Normal" werden wird, will ich die „Expansion Tectonics" von James Maxlow nahelegen. https://www.jamesmaxlow.com/ , https://www.youtube.com/watch?v=8qoTs7w22r4
Veränderungen in der Zusammensetzung der Erdatmosphäre erscheinen vor dem Hintergrund dieses Modells in einem ganz anderen Licht. Auch die vieldiskutierte Hypothese des „Peak Oil" wird mit diesem Modell nicht haltbar sein.

www.ingramcontent.com/pod-product-compliance
Lightning Source LLC
Chambersburg PA
CBHW081051170526
45158CB00007B/1941